通信原理课程建设教材

通信原理实验

杨鸿文 桑 林 徐春秀 等编著

庞沁华 审 订

北京邮电大学出版社
·北京·

内 容 简 介

本书是通信原理实验课程的教材,内容涵盖三大方面:通信系统的 Matlab 仿真;模拟通信和数字通信实验;高斯最小移频键控调制器实验。

通过实验,使学生受到科学实验的基本训练,并掌握通信系统仿真和数字处理的硬件实现新方法。

本书适用于高等院校本科通信工程、信息工程、电子工程等专业,也可供工程科技人员参考。

图书在版编目(CIP)数据

通信原理实验教程/杨鸿文等编著. —北京:北京邮电大学出版社,2007(2021.8 重印)
ISBN 978-7-5635-1406-9

Ⅰ. 通⋯ Ⅱ. 杨⋯ Ⅲ. 通信理论—实验—高等学校—教材 Ⅳ. TN911-33

中国版本图书馆 CIP 数据核字(2007)第 066435 号

| 书 名:通信原理实验教程 |
| 作 者:杨鸿文 桑 林 徐春秀 等 |
| 责任编辑:崔 珞 |
| 出版发行:北京邮电大学出版社 |
| 社 址:北京市海淀区西土城路 10 号(邮编:100876) |
| 发 行 部:电话:010-62282185 传真:010-62283578 |
| E-mail: publish@bupt.edu.cn |
| 经 销:各地新华书店 |
| 印 刷:唐山玺诚印务有限公司 |
| 开 本:787 mm×960 mm 1/16 |
| 印 张:11.75 |
| 字 数:251 千字 |
| 版 次:2009 年 9 月第 1 版 2021 年 8 月第 5 次印刷 |

ISBN 978-7-5635-1406-9 定价:28.00 元

· 如有印装质量问题,请与北京邮电大学出版社发行部联系 ·

前　言

《通信原理》课程是通信工程专业的重要专业基础课,学习通信原理不仅需要掌握理论知识,还要掌握实践知识。

本书是通信原理实验课教材。

书中实验内容涵盖三大方面:通信系统的 Matlab 仿真;通信系统实验;高斯最小移频键控调制器实验。

仿真是通信理论到实践的桥梁,通过通信系统的 Matlab 仿真实验,使学生了解仿真的功能,培养仿真操作的基础能力。

通信系统实验包含模拟调制、数字基带和频带调制系统的实验。不仅可以增加学生感性认识,加深对模拟通信和数字通信的基本概念的理解,还能很好地锻炼学生独立思考和科学实验能力。

高斯最小移频键控(GMSK)调制器的实验,将通过利用数字基带处理方法来实现GMSK 调制器的算法,使学生对通信系统硬件实现有新的认识和新的思路。

通过实验,学生受到科学实验的基本训练,并掌握通信系统仿真和数字处理的硬件实现的新方法。

本书的附录,提供了与实验实用操作相关资料。

全书由杨鸿文、桑林规划设计,由杨鸿文、陈萍编写第 1 章,由徐春秀、刘文京、谢文苗编写第 2 章,由韩玉芬、李卫东编写第 3 章,由徐春秀、谢文苗、陈萍翻译附录,由桑林、徐春秀、刘文京等负责实验验证。全书由杨鸿文、桑林、徐春秀统编定稿,由庞沁华教授审订。

北京邮电大学《通信原理》课程组的老师们对实验内容及本书编写的大力支持,作者在此衷心感谢。

书中不当之处,敬请指教。

作　者

目　　录

第 1 章　通信系统的 Matlab 仿真实验

第1章　通信系统的 Matlab 仿真实验

1.1　引　言

计算机仿真就是利用计算机来模仿系统的真实行为,从而能通过软件程序来进行科学实验。在通信领域的研究开发活动中,仿真实验是最重要的手段之一。

本章实验使用的软件工具是 Matlab,本章实验的目的如下。

(1) 学习掌握用 Matlab 进行通信系统仿真的方法。

(2) 通过 Matlab 仿真实验学习通信原理的基本知识,加深对一些难点问题的理解。

实验前,学生应先预习相关内容,练习有关的仿真示例。实验中,根据教师安排选做本章所列的实验题目或教师另行提供的实验题目,也可以包括学生自拟的实验题目。实验后,应提交实验报告。实验报告大致应包括以下内容。

(1) 实验目的:该实验的具体实验目的(如具体测量目标等)。

(2) 仿真模型:该实验中用到的数学建模、通信理论知识。

(3) 仿真设计:该实验中某些特定问题的代码设计方法,必要时可给出流程图或伪代码。

(4) 实验结果:以图表等方式给出实验结果。

(5) 分析讨论:分析讨论实验结果。必要时应同理论结果进行对照。

(6) 思考题:回答与该实验相关的课后思考题。

(7) 程序代码:完整的程序代码,包括必要的注释。

实验报告的文档格式、图表应符合规范。代码的变量名应有助于代码的可读性。

本章只涉及最基本的仿真方法。更多通信原理仿真问题请参考郭文彬等编著的《通信原理——基于 Matlab 的计算机仿真》一书。

1.2　信号与系统在仿真中的表示

1.2.1　仿真建模

如果能用数学模型来描述某个实际系统的行为,就可以用计算机软件来描述这个系统。运行仿真软件,就可以模拟观察系统的行为。这就是仿真的原理。换言之,仿真是建立在数学模型基础上的理想实验。

仿真实验的优点是有很强的可控制性和可测量性。实物实验中,改变设计往往费力费时,其测量也经常存在许多限制,例如,某些客观量的测量可能存在无法介入的问题;某些测量中,人类的测量行为可能会干扰被测的量值。仿真不存在这些问题。人们可以任意改变仿真实验设计,能测量实验中出现的一切量值。实物实验中经常存在一些不确定的干扰因素,仿真作为理想实验,可以排除这种因素,这一点对科学研究很有帮助。

仿真实验的结果能够被接受的前提是它所依据的数学模型必须能正确反映实际系统的的行为。从某种意义上说,一切数学建模都是对实际的近似和理想化。如果实际系统存在难以建模的因素,或者如果我们对建模的误差有顾虑,则仿真实验作为理想实验的结果,只能是一个参考,不能理解为实际系统的真实行为。

通信系统的数学模型相当广泛。本章实验只考虑点到点的通信。图 1.2.1 是一个典型的点到点数字通信系统模型。

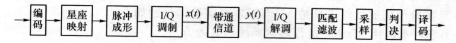

图 1.2.1　一个典型的点到点数字通信系统模型

图 1.2.1 中的每一个功能模块(如"脉冲成形"、"匹配滤波"等)都可以作为一个"黑箱",只对输入输出关系进行数学建模。根据这个数学模型,程序员可以编写出仿真该模块的代码。代码的设计方法或者算法可以不同于该模块的实际物理实现方法,只要求符合建模。请注意这一点正是电路仿真和通信系统仿真的差异:电路仿真的基本单位是元器件,不仿真元器件内部的物理工作机理;通信仿真的基本单元是功能模块,不要求仿真模块内部的硬件工作机制。

无论是实物实验,还是仿真实验,假设有 A、B 两种方案,对于拟研究的问题,它们都能取得相同的实验结果,那么一般应选择简单的方案。[①]

基于这种原则,对于不同的研究问题,可以设计不同的仿真模型,使问题得到简化。图 1.2.2 示出了一些和图 1.2.1 等效的模型。对于线性分组码误码率的仿真,可以采用图 1.2.2(c)的模型,图中的 x,y 都是取值于 $\{0,1\}$ 的二进制随机变量。对于高阶调制的误码率仿真,可以采用图 1.2.2(b)的模型,其中的 x 是复数星座点,y 是接收端的判决量,也是复数值。如果需要研究频谱等与波形有关的量值,则需要"波形级"的仿真,即图 1.2.1 或图 1.2.2(a)。

图 1.2.2(a)是图 1.2.1 的等效基带模型,其中的 $x_L(t)$ 和 $y_L(t)$ 分别是 $x(t)$ 和 $y(t)$ 的复包络,即

---

① "如无必要,勿增实体"——奥卡姆剃刀原则。

$$\begin{cases} x(t) = \mathrm{Re}\{x_{\mathrm{L}}(t)\mathrm{e}^{\mathrm{j}(2\pi f_c t + \varphi)}\} \\ y(t) = \mathrm{Re}\{y_{\mathrm{L}}(t)\mathrm{e}^{\mathrm{j}(2\pi f_c t + \varphi)}\} \end{cases} \tag{1.2.1}$$

参考载波(对应 I 路)是 $\cos(2\pi f_c t + \varphi)$,复数表示的参考载波是 $\mathrm{e}^{\mathrm{j}(2\pi f_c t + \varphi)}$。

已知参考载波时,带通信号的信息完全包含在复包络中。因此涉及带通信号的仿真实验一般都可以用等效基带模型。基带仿真可以大大简化仿真的数据量和计算量。

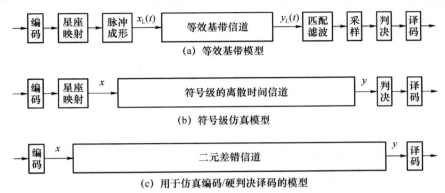

图 1.2.2　仿真模型

在建立了通信系统的数学模型之后,接下来的任务就是将数学模型转换为程序代码。从图 1.2.1 来看,点到点通信过程是一系列模块的级联,每个模块的输入输出关系是码(离散时间序列)或者信号(连续时间波形)的变换过程。码或者说序列可以直接在计算机中表示。对于信号波形,首先需要解决它在仿真软件中的表示问题。

1.2.2　时域采样及频域采样

一般来说,任意信号 $s(t)$ 是定义在时间区间 $-\infty < t < \infty$ 上的函数,但仿真软件在计算机系统中的运行时间是有限的,在这个有限的运行时间内,也只能处理有限个数据。为此,把 $s(t)$ 按区间 $\left[-\dfrac{T}{2}, \dfrac{T}{2}\right]$ 截短为 $s_T(t)$,再对 $s_T(t)$ 按时间间隔 Δt 均匀采样,得到 $N_t = \left\lfloor \dfrac{T}{\Delta t} \right\rfloor$ 个样值[①]:

$$s_i = s_T(i\Delta t + t_0) = s(i\Delta t + t_0), i = 1, 2, \cdots, N_t \tag{1.2.2}$$

其中,t_0 可取为 $-\Delta t - \dfrac{T}{2}$,以使第 1 个样值处于左边界,即 $s_1 = s\left(\dfrac{-T}{2}\right)$。此时的采样率为 $f_s = \dfrac{1}{\Delta t}$。

仿真时,用向量(数组)$s = (s_1, s_2, \cdots, s_{N_t})$ 来表示信号 $s(t)$。显然,Δt 反映了仿真系统

---

① $\lfloor x \rfloor$ 表示向下取整,即小于等于 x 的最大整数。

对信号波形的时间分辨率。Δt 越小,仿真的时间精度越高。

信号被采样后,对应到频域,频谱是原信号频谱的周期性搬移[①]。如果信号 $s(t)$ 的频率范围是 $-f_H<f<f_H$,则必须有 $f_H<\dfrac{1}{2\Delta t}$,才能保证不发生频域混叠失真。可称 $\dfrac{1}{2\Delta t}$ 为仿真系统的系统带宽,记为 B_s。如果在仿真程序中设定的采样间隔是 Δt,那么这个仿真程序不能用来研究最高频率大于 $B_s=f_s/2$ 的信号或系统。

另一方面,信号 $s(t)$ 的频谱 $S(f)$ 一般也是定义在无穷区间 $-\infty<f<\infty$ 上的。仿真频域特性时,也需要将 $S(f)$ 截短并采样。考虑到系统带宽是 B_s,一般把频域的截短区间设计为 $[-B_s,B_s]=\left[-\dfrac{f_s}{2},+\dfrac{f_s}{2}\right]$,然后再按间隔 Δf 均匀采样,得到 $N_f=\left\lfloor\dfrac{2B_s}{\Delta f}\right\rfloor$ 个样值

$$S_i=S(i\Delta f+f_0),\quad i=1,2,\cdots,N_f \tag{1.2.3}$$

其中,f_0 取为 $-\Delta f-B_s$,以使 $S_1=S(-B_s)$。仿真中将用数组 $S=(S_1,S_2,\cdots,S_{N_f})$ 来表示 $s(t)$ 的频谱 $S(f)$。

同样的,信号在频域采样后,对应到时域是原时域波形的周期性搬移。如果信号在时域的范围是 $-\dfrac{T}{2}<t<\dfrac{T}{2}$,则不发生时域混叠要求 $\dfrac{T}{2}\leqslant\dfrac{1}{2\Delta f}$,即 $T\leqslant\dfrac{1}{\Delta f}$。可取 $T=\dfrac{1}{\Delta f}$,此时有

$$N_f=N_t=N=\left\lfloor\dfrac{1}{\Delta f\Delta t}\right\rfloor=\lfloor 2B_sT\rfloor \tag{1.2.4}$$

为了能够真实反映信号的波形 $s(t)$ 和频谱 $S(f)$,不发生时域或频域混叠失真,要求被仿真信号的时间范围限制在 $-\dfrac{T}{2}<t<\dfrac{T}{2}$ 内,频谱范围限制在 $-B_s<f<B_s$ 内。实际信号不可能同时做到时间受限和频带受限,但如果 B_s 和 T 充分大,误差可以充分小。因此,要想提高仿真的精度,就需要减小采样间隔,提高采样点数。换言之,仿真精度越高,仿真的运算量和数据量也将越大。

【例 1.2.1】 若要求系统带宽为 $1\,\mathrm{MHz}$,频域最小分辨率为 $10\,\mathrm{kHz}$,那么频域的取样点数至少应该是 $\dfrac{2B_s}{\Delta f}=200$,可取 $N=256$。按此设计的仿真系统的频域分辨率是 $\Delta f=\dfrac{2B_s}{N}=7.8\,\mathrm{kHz}<10\,\mathrm{kHz}$,观察时间是 $T=\dfrac{1}{\Delta f}=128\,\mu\mathrm{s}$,时间分辨率是 $\Delta t=\dfrac{T}{N}=0.5\,\mu\mathrm{s}$,采样率是 $f_s=2\,\mathrm{MHz}$。如果所研究的问题涉及比 $0.5\,\mu\mathrm{s}$ 更短的时间关系,或者比 $7.8\,\mathrm{kHz}$ 更窄的频率关系,必须提高 T 和 B_s,即需要加大采样点数 N。

1.2.3　傅里叶变换

虽然 Matlab 中有许多现成的频域分析工具,如 fft、ifft 等,但对通信原理的学习者来

---

① 见周炯槃等编著的《通信原理》第 3 版,7.9.2 节。

说,直接进行傅里叶变换更为直观。为此,我们用 Matlab 提供的函数为基础,编制了两个 m 函数 t2f.m 及 f2t.m。t2f 是傅里叶正变换,对应

$$S(f) = \int_{-\infty}^{\infty} s(t) e^{-j2\pi ft} dt \qquad (1.2.5)$$

f2t 是傅里叶反变换,对应

$$s(t) = \int_{-\infty}^{\infty} S(f) e^{j2\pi ft} df \qquad (1.2.6)$$

如 1.2.2 节所述,式(1.2.5)和式(1.2.6)中的无限积分范围在仿真中被近似在 $-\dfrac{T}{2} < t < \dfrac{T}{2}$、$-B_s < f < B_s$ 内。

1. 傅里叶正变换

```
1    function S = t2f(s,fs)
2        % s 代表输入信号,S 代表 s 的频谱,fs 是采样率
3        N = length(s);  % 总样点数
4        T = 1/fs * N;  % 观察时间
5        f = [-N/2:(N/2-1)]/T;  % 频域采样点
6        tmp1 = fft(s)/fs;
7        tmp2 = N * ifft(s)/fs;
8        S(1:N/2) = tmp2(N/2+1:-1:2);
9        S(N/2+1:N) = tmp1(1:N/2);
10       S = S.* exp(j*pi*f*T);
11   end
```

在这个程序中,fs 是采样率($\dfrac{1}{\Delta t}$),N 是样点数,数组 f、s 和 S 都是长为 N 的数组,T 是信号的时间长度,f 是频域的采样位置,s 和 S 分别是对 s(t) 和 S(f) 的采样结果,tmp1、tmp2 是中间变量。

需要注意的是,直接对 s 进行 FFT 得到的向量对应的频域范围按归一化角频率是 $[0,2\pi)$,也即 $[0,f_s)$。将右半部分 $[B_s,2B_s)$ 周期性延拓到左侧的 $[-B_s,0)$ 时,需要注意相位的因素。

2. 傅里叶反变换

```
1    function s = f2t(S,fs)
2        N = length(S);
3        T = N/fs;
4        t = [-(T/2):1/fs:(T/2-1/fs)];  % 时域采样点
5        tmp1 = fft(S)/T;
6        tmp2 = N * ifft(S)/T;
```

```
7        s(1:N/2) = tmp1(N/2 + 1: - 1:2);
8        s(N/2 + 1:N) = tmp2(1:N/2);
9        s = s. * exp( - j * pi * t * fs);
10   end
```

在这个程序中,数组 t 是长为 N 的数组,它是时域的采样位置。

【例 1.2.2】(正弦信号的傅里叶变换)   单频正弦信号的一般表达式为

$$s(t) = A\cos(2\pi f_0 t + \theta) = \text{Re}\{e^{j(2\pi f_0 t + \theta)}\}$$

其傅里叶变换是

$$S(f) = \frac{A}{2}[e^{j\theta}\delta(f - f_0) + e^{-j\theta}\delta(f + f_0)] \tag{1.2.7}$$

下面是仿真程序:

```
1    % 本程序中时间单位是 ms,频率单位是 kHz
2    clear all
3    close all

4    N = 2^12; % 采样点数
5    fs = 16; % 采样速率
6    Bs = fs/2; % 系统带宽
7    T = N/fs; % 截短时间
8    t = - T/2 + [0:N - 1]/fs; % 时域采样点
9    f = - Bs + [0:N - 1]/T; % 频域采样点
10   f0 = 1;A = 2;phi = pi/3; % 待观测正弦波的频率、幅度和初相

11   s = A * cos(2 * pi * f0 * t + phi); % 待观测的正弦波

12   S = t2f(s,fs); % 傅里叶变换
13   ss = real(f2t(S,fs)); % 傅里叶反变换

14   figure(1) % 观察原始信号以及反变换后的信号。
15   plot(t,s,t,ss,´ * ´)
16   xlabel(´t (ms)´)
17   ylabel(´s(t) (V)´)
18   axis([0,3, - 2.5, + 2.5])

19   figure(2) % 观察幅度频谱
20   plot(f,abs(S))
```

```
21     xlabel('f (kHz)')
22     ylabel('|S(f)| (V/Hz)')
```

请注意在计算机中,时间的单位只是一个参考值,没有绝对意义。本章的程序默认时间单位是 ms,频率单位是 kHz。但在本章的数学公式中,时间的默认单位是 s(秒),频率的默认单位是 Hz。例如信号 $\sin(2\,000\,\pi t)$ 表示频率为 $1\,000$ Hz 的正弦波,但在仿真中,这个信号表述为 $\sin(2*\text{pi}*t)$。

需要注意的是,虽然理论上这个例子中的傅里叶反变换应该是实数结果,但由于计算机精度的问题,存在一个非常小的虚部,故此程序中通过 real() 操作使反变换结果为实值。

1.2.4　功率谱密度

通信原理中经常涉及的一个概念是功率谱密度。对于信号 $s(t)$,功率谱密度定义为

$$P_s(f)=\lim_{T\to\infty}\frac{|S_T(f)|^2}{T} \tag{1.2.8}$$

其中,$S_T(f)$ 是 $s(t)$ 的截短 $s_T(t)$ 的傅里叶变换。$|S_T(f)|^2$ 是 $s(t)$ 在 T 时间内的能量在频谱上的分布,即 $|S_T(f)|^2$ 是 $s_T(t)$ 的能量谱密度。功率是单位时间内的能量,$s(t)$ 在 T 时间内的平均功率是

$$P_T=\frac{1}{T}\int_{-T/2}^{T/2}|s(t)|^2\mathrm{d}t=\frac{1}{T}\int_{-\infty}^{\infty}|S_T(f)|^2\mathrm{d}f=\int_{-\infty}^{\infty}\frac{|S_T(f)|^2}{T}\mathrm{d}f$$

其中,$\frac{|S_T(f)|^2}{T}$ 是 $s(t)$ 在 T 内的平均功率 P_T 在频谱上的分布。令 $T\to\infty$,极限就是 $s(t)$ 在全部时间上的平均功率在频谱上的分布,即功率谱密度。

在仿真中,无限时间已经被短截为有限时间,所以信号 $s(t)$ 的功率谱密度是 S.*conj(S)/T,或者 abs(S).^2/T。

需要注意的是,在仿真中,信号的功率谱密度和能量谱密度只差一个系数 T。仿真中不存在"无穷大"的概念(现实中也不存在),因此仿真中的信号既是能量信号,也是功率信号。因为仿真中的功率是有限时间内的平均功率。故此,当系数问题不重要时,仿真中可以不区分"能量谱密度"和"功率谱密度"这两个概念。

【例 1.2.3】(矩形脉冲的能量谱密度)　宽度为 τ 的矩形脉冲的表达式为

$$g(t)=\begin{cases}A & -\dfrac{\tau}{2}\leqslant t<\dfrac{\tau}{2}\\[2mm]0 & \text{其他}\ t\end{cases} \tag{1.2.9}$$

其能量谱密度为

$$E_g(f)=|G(f)|^2=[A\tau\mathrm{sinc}(f\tau)]^2 \tag{1.2.10}$$

仿真程序如下:

```
1     fs = 64; % kHz
```

```
2       T = 64；% ms
3       tau = 1；% ms，脉冲宽度
4       A = 1；% 脉冲幅度
5       N = T * fs；
6       dt = 1/fs；
7       t = [ - T/2：dt：T/2 - dt]；
8       df = 1/T；
9       f = [ - fs/2：df：fs/2 - df]；

10      g = zeros(1,N)；
11      idx = find(t> = - tau/2 & t<tau/2)；
12      g(idx) = A；

13      G = t2f(g,fs)；
14      Eg = abs(G).^2；% 能量谱密度
15      Egt = (A * tau * sinc(f * tau)).^2；% 理论计算的能量谱密度

16      plot(f,10 * log10(Eg))% 观察能量谱密度
17      axis([ - 10,10, - 40,2])
```

工程上通常习惯用分贝值观察功率谱或能量谱，即观察 $10\lg E_g(f)$。仿真结果如图 1.2.3 所示。

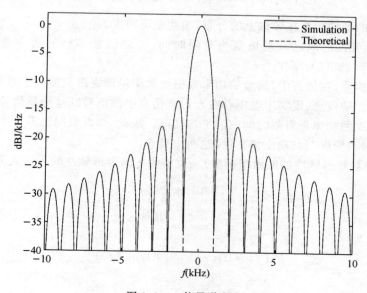

图 1.2.3　能量谱密度

对于随机过程 $X(t)$,其平均功率谱密度定义为各样本的功率谱密度的数学期望。在仿真实验中,可以产生充分多的样本 $x_1(t), x_2(t), \cdots, x_K(t)$,测出每个样本的功率谱密度(或能量谱密度) $P_1(f), P_2(f), \cdots, P_K(f)$,则 $X(t)$ 的平均功率谱密度的测量结果是

$$P_X(f) = \frac{1}{K} \sum_{k=1}^{K} P_k(f) \tag{1.2.11}$$

1.2.5　线性系统

若线性系统的输入是 $x(t)$,输出是 $y(t)$,则输出与输入的关系可以用卷积来描述

$$y(t) = \int_{-\infty}^{\infty} x(t-\tau) h(\tau) \mathrm{d}\tau \tag{1.2.12}$$

其中 $h(t)$ 是系统的单位冲激响应。

在离散时间和截短的情况下,式(1.2.12)对应到离散卷积

$$y_i = \sum_j x_{i-j} h_j \tag{1.2.13}$$

仿真中更为简便的做法是借助频域关系来实现滤波

$$Y(f) = H(f) X(f) \tag{1.2.14}$$

【例 1.2.4】(理想低通滤波器)　理想低通滤波器的传递函数为

$$H(f) = \begin{cases} 1, & |f| \leqslant f_m \\ 0, & |f| > f_m \end{cases} \tag{1.2.15}$$

其中, f_m 是截止频率。

下面的 Matlab 函数将信号 $x(t)$ 通过一个截止频率为 f_m 的理想低通滤波器,成为 $y(t)$ 。

```
1    function y = LPF(x,fm,fs)
2    % x 是输入,y 是输出,fm 是截止频率,fs 是采样率
3    n = length(x);
4    T = n/fs;
5    f = [-fs/2 : 1/T : fs/2 - 1/T];
6    X = t2f(x,fs);
7    X(abs(f)>fm) = 0;
8    y = f2t(X,fs);
```

【例 1.2.5】(巴特沃斯低通滤波器)　n 阶巴特沃斯低通滤波器的传递函数为

$$H_{\mathrm{BTW}}(f) = \frac{1}{\sqrt{1 + \left(\dfrac{f}{f_m}\right)^{2n}}} \tag{1.2.16}$$

其中, f_m 是滤波器的 3 dB 带宽。

下面的 Matlab 函数将信号 $x(t)$ 通过一个 3 dB 带宽为 f_m 的巴特沃斯低通滤波器。

```
1    function y = BTW_LPF(x,fm,fs,n)
2    % x 是输入,y 是输出,fm 是截止频率,fs 是采样率,n 是阶数
3    N = length(x);
4    T = N/fs;
5    f = [-fs/2:1/T:fs/2-1/T];

6    H = (1 + (f/fm).^(2 * n)).^(-0.5);
7    X = t2f(x,fs);
8    Y = X. * H;
9    y = f2t(Y,fs);
```

【例 1.2.6】(矩形脉冲通过巴特沃斯低通滤波器)　将一个宽为 $\tau = 1$ ms 的矩形脉冲通过一个 3 dB 带宽为 500 Hz 的 6 阶巴特沃斯滤波器。矩形脉冲的主瓣带宽为 1 kHz。仿真中设置的时间分辨率为 1/32 ms,频谱分辨率为 1/64 kHz,抽样率为 $f_s = 32$ kHz,总观察时间为 $T = 64$ ms。

```
1    fs = 32;T = 64;N = T * fs;
2    dt = 1/fs;
3    t = [-T/2:dt:T/2-dt];
4    df = 1/T;
5    f = [-fs/2:df:fs/2-df];

6    g = zeros(1,N);
7    idx = find(t>-0.5 & t<=0.5);
8    g(idx) = 1;

9    y = BTW_LPF(g,.5,fs,6);
10   y = real(y);

11   figure(1)
12   plot(t,[g;y])

13   figure(2) % 观察谱密度
14   Y = abs(t2f(y,fs));
15   G = abs(t2f(g,fs));
16   plot(f,20 * log10([G;Y]))
```

仿真结果如图 1.2.4 所示,图(a)是时域波形,图(b)是谱密度。

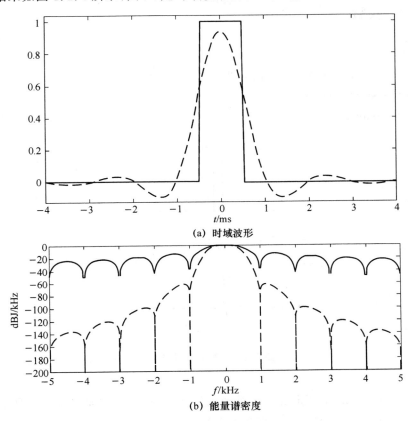

(a) 时域波形

(b) 能量谱密度

图 1.2.4　矩形脉冲通过低通滤波器

1.2.6　冲激脉冲的仿真

冲激脉冲在信号与系统的表示中有特殊的重要性。

冲激脉冲 $\delta(t)$ 是一个理想化的信号模型。可以把它理解为高度无限高,宽度无限窄的矩形脉冲。现实中不可能存在这样的脉冲,仿真同样也不可能实现真实的冲激脉冲,但可以近似。

可以用面积为 1 的窄矩形脉冲近似单位冲激脉冲。如图 1.2.5(a)所示,当脉冲宽度 $\tau \to 0$ 时,$g(t) \to \delta(t)$。仿真中最小的时间单位是 Δt,因此取 $\tau = \Delta t$,然后对 $g(t)$ 采样,其结果如图 1.2.5(b)所示。这样,在仿真中,$\delta(t)$ 的表示就是 $g_i = f_s \delta_i$,其中

$$\delta_i = \begin{cases} 1 & i=0 \\ 0 & i \neq 0 \end{cases} \tag{1.2.17}$$

1.2.7 实验

实验 1

对于下列信号,通过仿真画出信号波形 $s(t)$ 及幅度频谱 $|S(f)|$。

(a) $s(t) = \text{sinc}(2t)$;

(b) $s(t) = \sin[2\pi\sin(2\pi t)]$。

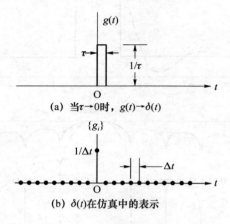

(a) 当 $\tau \to 0$ 时,$g(t) \to \delta(t)$

(b) $\delta(t)$ 在仿真中的表示

图 1.2.5 冲激脉冲的仿真

实验 2

将宽度为 $\tau = 2\,\text{ms}$ 的矩形脉冲通过理想低通滤波器,滤波器带宽分别是矩形脉冲主瓣带宽的 $1/2$、1 和 2 倍,观察输出波形的差别。

实验 3

请编写理想带通滤波器函数 BPF.m,要求格式为 $y = \text{BPF}(x, f1, f2, fs)$,其中 f1 是下截止频率,f2 是上截止频率,fs 是采样率,x 是输入信号,y 是输出信号。

实验 4

仿真得到单位冲激脉冲通过理想带通滤波器的输出波形及其频谱。要求 BPF 的中心频率为 20 kHz,带宽为 2 kHz。

1.2.8 思考题

1. 对于实验 3,如果该矩形脉冲是数字通信的脉冲成形,那么实验结果能说明什么?

2. 如何测量信号 99% 能量所占的带宽?

1.3　高斯噪声与随机数据的产生

1.3.1　白高斯噪声

白高斯噪声 $n_w(t)$ 是持续时间无限、带宽无限的零均值平稳遍历高斯过程,其功率谱密度为

$$P(f) = \frac{N_0}{2}, \quad -\infty < f < \infty \tag{1.3.1}$$

仿真系统只有有限的观察时间 $\left(-\dfrac{T}{2} \leqslant t < \dfrac{T}{2}\right)$,系统带宽也有限 $(-B_s \leqslant f < B_s)$,因此只能仿真限带白噪声的一个时间片段

$$n(t) = \begin{cases} \text{LPF}[n_w(t)] & -\dfrac{T}{2} \leqslant t < \dfrac{T}{2} \\ 0 & \text{其他} \end{cases} \tag{1.3.2}$$

虽然 $n(t)$ 并不是真正的白高斯噪声 $n_w(t)$,但如果 T 和 B_s 足够大,可以忽略误差对所研究问题的影响。

白噪声 $n_w(t)$ 的自相关函数是 $E[n_w(t)n_w(t-\tau)] = \delta(\tau)$,因此白噪声在不同时间上的采样结果形成一个独立随机序列。仿真中对 $n(t)$ 的采样结果也必须要满足这一点。由于对限带白噪声按奈奎斯特速率采样的结果是独立的[①],因此只要产生一组独立的高斯随机变量,就能仿真白噪声。具体来说就是

```
1      n = sqrt(N0 * Bs) * randn(1,N);
```

注意 $n(t)$ 的功率是 $N_0 B_s$。rand(1,N)产生 N 个均值为 0、方差为 1 的独立高斯随机数,再乘以 $\sqrt{N_0 B_s}$,使 n 中元素的方差成为 N0 * Bs。

需要特别注意的是,n 是随机过程 $n(t)$ 的一次实现的样值序列,此数组 n 的平均功率 mean(n.^2) ($\dfrac{1}{N}\sum\limits_{i=1}^{N} n_i^2$) 也是一个随机变量,未必恰好等于 $N_0 B_s$。人们所称的"$n(t)$ 的功率是 $N_0 B_s$",是指平均功率,即 $E[n^2(t)]$,也即 $E\left[\dfrac{1}{N}\sum\limits_{i=1}^{N} n_i^2\right]$。因此在仿真中,不要强制将 mean(n.^2)归一化为 N0 * Bs。

【例 1.3.1】(白高斯噪声通过积分器)　　白噪声 $n_w(t)$ 的双边功率谱密度是 $\dfrac{N_0}{2}$ W/Hz,通过积分范围 $[t-T_s, t]$ 的积分器后的输出为

---

① 见周炯槃等编著的《通信原理》第 3 版,48 页。

$$y(t) = \int_{t-T_s}^{t} n_w(t) dt \tag{1.3.3}$$

测量 $y(t)$ 的平均功率谱密度的程序如下。

```
1    fs = 10; % kHz,时间分辨率是 100μs
2    T = 100; % ms,频谱分辨率是 10Hz
3    N = T * fs;
4    dt = 1/fs;
5    t = [- T/2:dt:T/2 - dt];
6    df = 1/T;
7    f = [- fs/2:df:fs/2 - df];
8    K = 1000; % 统计平均功率谱密度时的样本数
9    N0 = 1; % 白噪声的功率谱密度,单位是 W/kHz
10   Ts = 1; % 积分区间的长度是 1ms
11   n Ts = round(Ts/dt); % 积分区间中的样点数

12   EP = zeros(1,N);
13   for i = 1:K
14       nw = sqrt(N0/2 * fs) * randn(1,N); % 白噪声
15       y = zeros(1,N);
16       for j = 1:N
17           a = max(1,j - n_ Ts + 1);
18           y(j) = sum(nw(j: - 1:a)) * dt; % 积分
19       end
20       P = abs(t2f(y,fs)).^2/T;
21       EP = EP + P;
22   end
23   plot(f,EP/K)
```

通过仿真得到的输出功率谱密度如图 1.3.1 所示。

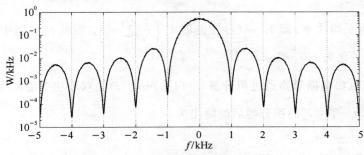

图 1.3.1　输出噪声的功率谱密度

1.3.2　随机二进制序列

若有随机变量 X 在 $[0,1]$ 内均匀分布,则对于 $0<p<1$,如下定义的随机变量

$$Y=\begin{cases}1 & X<p \\ 0 & X\geqslant p\end{cases} \tag{1.3.4}$$

是一个二进制随机变量,其分布为 $\Pr\{Y=1\}=p$,$\Pr\{Y=0\}=1-p$。故此可利用均匀分布的随机数来产生二进制随机数。

如欲产生 M 个取值于 $\{0,1\}$ 的独立等概二进制符号,可以用以下语句:

```
1       a = round(rand(1,M));
```

或者

```
1       a = (rand(1,M)>0.5) + 0;
```

其中,"a = (rand(1,M)>0) + 0;"中的" + 0"是为了转换数据类型(从 logical 转换到 double)。如果不需要进行数据类型转换,可将其省去。

如欲产生独立,但不等概的二进制序列,可以这样做

```
1       a = (rand(1,M)<p);
```

例如,a = (rand(1,1e6)<1/3)将产生 10^6 个独立的二进制随机数,其中"1"的出现概率是 1/3。

如果需要产生取值于 $\{\pm1\}$ 的序列,可以将上述取值于 $\{0,1\}$ 的二进制序列进行电平变换,也可以用下面这样的语句:

```
1       a = sign(randn(1,M));
```

它产生的是独立等概序列。

1.3.3　多进制随机数

在多进制调制和多进制编码等问题中,需要产生随机的多进制数字序列。可仿照前面的做法。

最简单的方法例如:

```
1       a = ceil(4 * rand(1,1000));
```

这个语句将产生 1 000 个独立等概的 4 进制符号序列,字符集是 $\Omega=\{1,2,3,4\}$。

一般方法是对 $[0,1]$ 内均匀分布的随机变量 X 进行量化,然后将各个量化区间映射为不同的符号。例如定义

$$Y=i,x_i\leqslant X<x_{i+1},i=1,2,\cdots,M \tag{1.3.5}$$

其中的量化边界满足:$0=x_1<x_2<\cdots<x_M<x_{M+1}=1$,则 Y 是一个 M 进制的离散随机符号,其字符集是 $\Omega=\{1,2,\cdots,M\}$,符号 i 的出现概率是 $p_i=x_{i+1}-x_i$。

【例 1. 3. 2】(三进制不等概独立信源) 下面的程序产生 3 进制独立同分布序列 X_1, $X_2, \cdots, X_K$ 的一个样本,序列中符号的字符集是 $\{-2, 0, +2\}$,其中 0 出现的概率为 $1/2$, ± 2 出现的概率各为 $1/4$。

```
1    X = rand(1,L);
2    Y = zeros(1,L);
3    Y(X<0.25) = -2;
4    Y(X>0.75) = +2;
```

也可以用随机二进制数来产生随机多进制数。

【例 1. 3. 3】(用随机二进制数产生随机 3 进制数) 将两个取值为 ± 1 的独立等概二进制随机变量相加,其结果是字符集为 $\{-2, 0, +2\}$ 的三进制随机数,其中 0 出现的概率为 $1/2$,± 2 出现的概率各为 $1/4$。

```
1    X = sign(randn(2,L));
2    Y = sum(X);
```

1. 3. 4　实验

实验 5

假设采样速率为 100 kHz,产生一个功率为 1 的白高斯噪声序列,再将这个噪声通过一个带宽为 10 kHz 的理想低通滤波器,画出输出噪声的波形,测量平均功率谱密度。

实验 6

产生一个长为 10^6 的随机二进制序列,要求"0"出现的概率为 $1/3$。并请统计实际产生的序列中"0"的个数,以及不同长度的连 0 的个数(长度为 k 的连零指 1 后面有 k 个 0,然后是 1)。

实验 7

按采样率为 $f_s = 200$ kHz,观察时间为 $T = 200$ ms,产生一个白高斯噪声 $n_w(t)$。再将其通过一个中心频率为 50 kHz,带宽为 5 kHz 的理想带通滤波器,观察输出噪声的功率谱密度和信号波形。

1. 3. 5　思考题

1. 如何产生瑞利分布的随机数?
2. 如何用 m 序列产生高斯随机数?
3. 对于例 1.3.1,理论求解输出功率谱密度。

1.4　调　制

1.4.1　SSB 调制

SSB 信号的表达式为

$$s(t)=m(t)\cos 2\pi f_c t \pm \hat{m}(t)\sin 2\pi f_c t \qquad (1.4.1)$$

其中"＋"号对应下单边带，"－"号对应上单边的，$\hat{m}(t)$ 是 $m(t)$ 的希尔伯特变换，其频谱 $\hat{M}(f)$ 与 $m(t)$ 的频谱 $M(f)$ 的关系为

$$\hat{M}(f)=-j\mathrm{sign}(f)M(f) \qquad (1.4.2)$$

【例 1.4.1】(SSB 信号的产生)　下面的程序产生上单边带的 SSB 信号。其中 $m(t)=\cos(2\,000\pi t)$，$f_c=20$ kHz。

```
1     fs = 800;
2     T = 200;
3     N = T * fs;
4     dt = 1/fs;
5     t = [- T/2:dt:T/2 - dt];
6     df = 1/T;
7     f = [- fs/2:df:fs/2 - df];

8     fm = 1; % kHz
9     fc = 20; % kHz

10    m = cos(2 * pi * fm * t);
11    M = t2f(m,fs);
12    MH = - j * sign(f). * M; % 在频域进行希尔伯特变换
13    mh = real(f2t(MH,fs)); % 希尔伯特变换后的信号

14    s = m. * cos(2 * pi * fc * t) - mh. * sin(2 * pi * fc * t); % SSB 信号
15    S = t2f(s,fs);

16    figure(1)
```

```
17    plot(f,abs(S)) % 观察已调信号的幅度频谱
18    axis([10,30,0,max(abs(S))])
19    figure(2)
20    plot(t,s) % 观察已调信号的波形
21    axis([0,2,-1.2,1.2])
```

对于例 1.4.1 中这个简单的信号,可以不用式(1.4.2)来得到 $m(t)$ 的希尔伯特变换。此例中的希尔伯特变换适用于任意信号。

发送的信号到达接收端成为

$$y(t) = s(t) + n_w(t) \tag{1.4.3}$$

$y(t)$ 先通过一个理想带通滤波器成为

$$y_2(t) = s(t) + n(t) \tag{1.4.4}$$

其中, $n(t)$ 是窄带高斯噪声,频谱范围是 $[f_c, f_c + f_m]$。SSB 信号的解调采用相干解调,即用相干载波 $\cos 2\pi f_c t$ 与 $y_2(t)$ 相乘,再通过低通滤波器得到解调输出信号。

【例 1.4.2】(SSB 信号的解调) 对于上例中产生的上单边带 SSB 信号,下面给出了接收端的仿真程序。

```
1    N0 = 1e-3; % 白噪声的单边功率谱密度 W/kHz
2    noise = sqrt(N0 * fs/2) * randn(1,N); % 白高斯噪声
3    y = noise + s; % 叠加了白噪声的接收信号
4    y2 = real(BPF(y,fc,fc + fm,fs)); % 通过带通滤波器
5    y3 = y2. * cos(2 * pi * fc * t) * 2; % 乘以相干载波
6    y4 = LPF(y3,fm,fs); % 经过低通滤波器
7    plot(t,[m;y4]) % 观察比较发送调制信号及解调输出信号
```

1.4.2 FM 调制

用模拟基带信号 $m(t)$ 对载波 $A\cos 2\pi f_c t$ 进行线性调频,已调信号的表达式为

$$s(t) = A\cos\left[2\pi f_c t + 2\pi K_f \int_{-\infty}^{t} m(\tau)\mathrm{d}\tau\right] \tag{1.4.5}$$

$$= A\cos[2\pi f_c t + \varphi(t)] \tag{1.4.6}$$

其中, K_f 是频率偏移常数(Hz/V), $\varphi(t) = 2\pi K_f \int_{-\infty}^{t} m(\tau)\mathrm{d}\tau$ 。根据卡松公式,FM 信号的带宽为

$$B_{FM} \approx 2(K_f|m(t)|_{max} + f_m) \tag{1.4.7}$$

在离散时间下,FM 信号的表示式为

$$s_i = A\cos\left[2\pi f_c t_i + 2\pi K_f \sum_{k=1}^{i} m_k \Delta t\right] \tag{1.4.8}$$

$$= A\cos\left[2\pi f_c t_i + \varphi_i\right] \tag{1.4.9}$$

其中，s_i 和 φ_i 分别是 $s(t)$ 和 $\varphi(t)$ 的第 i 个采样值，m_k 是 $m(t)$ 的第 k 个采样值。

【例 1.4.3】(FM 信号的产生)　下面的程序产生 FM 信号。其中 $m(t)=\cos(2\,000\,\pi t)$，$K_f=10\text{ kHz/V}, A=1\text{ V}, f_c=20\text{ kHz}$。

```
1    fs = 800; % kHz
2    T = 16; % ms
3    N = T * fs;
4    dt = 1/fs;
5    t = [ - T/2:dt:T/2 - dt];
6    df = 1/T;
7    f = [ - fs/2:df:fs/2 - df];

8    fm = 1; % kHz
9    Kf = 10; % kHz/V
10   fc = 20; % kHz

11   m = cos(2 * pi * fm * t);
12   phi = 2 * pi * Kf * cumsum(m) * dt;

13   s = cos(2 * pi * fc * t + phi);
14   S = t2f(s,fs);

15   figure(1)
16   plot(f,abs(S).^2) % 观察已调信号的功率谱
17   axis([0,40,0,max(abs(S).^2)])
18   figure(2)
19   plot(t,s) % 观察已调信号的波形
20   axis([0,1.2, - 1,1])
```

FM 信号的解调器也称为鉴频器，具体有多种实现方式，其中一种是微分包络检波法。

对于鉴频器的输入调频信号

$$s(t) = A\cos\left[2\pi f_c t + 2\pi K_f \int_{-\infty}^{t} m(\tau)\mathrm{d}\tau\right] \tag{1.4.10}$$

微分后的结果是

$$s_d(t) = -A\left[2\pi f_c + 2\pi K_f m(t)\right]\sin\left[2\pi f_c t + 2\pi K_f \int_{-\infty}^{t} m(\tau)\mathrm{d}\tau\right] \tag{1.4.11}$$

其包络正比于 $m(t)$。将 $s_d(t)$ 通过包络检波器，滤去直流后的输出即为原基带信号。

考虑到信道噪声，接收信号应先通过一个带宽为 B_{FM} 的带通滤波器，再进行鉴频。鉴频输出也应通过一个带宽为 f_m 的低通滤波器以进一步抑制噪声。

【例 1.4.4】(FM 信号的解调)　对于例 1.4.3 中产生的 FM 信号，下面给出了接收端的仿真程序。

```
1    N0 = 1e - 3；% 白噪声的单边功率谱密度 W/kHz
2    noise = sqrt(N0 * fs/2) * randn(1,N)；% 白高斯噪声
3    y = noise + s；% 叠加了白噪声的接收信号
4    Bfm = 2 * (Kf * max(m) + fm)；% FM 信号的带宽
5    y2 = real(BPF(y,fc - Bfm/2,fc + Bfm/2,fs))；% 通过带通滤波器
6    y3 = [0,diff(y2)]/dt；% 微分
7    y4 = abs(y3)；% 全波整流
8    y5 = real(LPF(y4,fm,fs))；% 经过低通滤波器
9    y6 = y5 - mean(y5)；% 隔直流
10   y6 = y6/sqrt(2 * mean(y6.^2))；% 调节输出信号的增益,使输出功率为 1
11   plot(t,[m;y6])  % 观察原信号与解调输出信号
```

1.4.3　等效基带仿真

在带通信号的仿真中，为了保持良好的时间波形，每个载波周期内需要采多个点。一般载波频率比较高，导致需要的采样率也很高。另一方面，带通信号的信息完全包含在复包络中，而复包络的频率相对很低。如果只仿真复包络的话，在相同观测时间下，仿真的数据量可以大大减少。

下面的例子说明如何用复包络的方法仿真测量解调输出信噪比。

首先介绍信噪比的测量方法。一般情况下，解调输出信号可以表示为

$$m_o(t) = am(t) + n_o(t) \tag{1.4.12}$$

其中，a 是增益系数，$n_o(t)$ 是输出噪声。通常，$n_o(t)$ 和 $m(t)$ 不相关。

对仿真来说，发送信号 $m(t)$ 是已知的。如果仿真中进一步已知 a，则从 $m_o(t)$ 中减去 $am(t)$ 就是输出噪声 $n_o(t)$，这样就可以测量出输出噪声的功率 P_{n0}。

如果未知 a，可先在无噪声的情况下测量 a，然后再加噪声进行测量。

【例 1.4.5】(FM 解调的输出信噪比)　FM 信号的复包络是

$$s(t) = Ae^{j\varphi(t)} = Ae^{j2\pi K_f \int_{-\infty}^t m(\tau)d\tau} \tag{1.4.13}$$

为了记号上的简略，此处的复包络没有用下标 $()_L$。

在等效基带模型下，鉴频器的输入是

$$y(t) = s(t) + n(t) \tag{1.4.14}$$

其中,$n(t) = n_c(t) + jn_s(t)$ 是带通模型中 BPF 输出噪声的复包络,$n(t)$ 的实部和虚部都是实低通噪声。若 $s(t)$ 的功率归一化为 $1(A=1)$,则 $n(t)$ 的方差为

$$\sigma^2 = \frac{1}{\text{SNR}} = 10^{-\text{SNR}_{\text{dB}}/10} \tag{1.4.15}$$

理想鉴频器的输出是复信号 $y(t)$ 的相位的微分

$$y_2(t) = \frac{1}{2\pi K_f} \cdot \frac{\mathrm{d}}{\mathrm{d}t} \angle y(t) \tag{1.4.16}$$

将这个结果通过低通滤波器,再隔直流即可得到解调输出 $m_o(t) = m(t) + n_o(t)$。程序如下。

```
1      fs = 40;
2      T = 5000;
3      N = T * fs;
4      dt = 1/fs;
5      t = [-T/2:dt:T/2 - dt];
6      df = 1/T;
7      f = [-fs/2:df:fs/2 - df];
8      fm = 1; % kHz
9      Kf = 5; % kHz/V

10     SNRdB = [2:.5:12]; % dB 鉴频器输入的信噪比
11     SNRodB = zeros(1,length(SNRdB));

12     for kk = 1:length(SNRdB)
13         m = cos(2 * pi * fm * t);
14         phi = 2 * pi * Kf * cumsum(m) * dt;

15         s = exp(j * phi); % FM 信号的复包络

16         nw = [1,j] * randn(2,N);
17         n = LPF(nw,Kf * max(m) + fm,fs); % 低通复高斯噪声
18         n = n./sqrt(mean(abs(n).^2)) * 10^(-SNRdB(kk)/10); % 设置噪声的功率

19         y = s + n; % 接收的复包络

20         phio = angle(y); % 复包络的相位
```

```
21          phio = unwrap(phio); % 去除相位的 2pi 跳变

22          y2 = [0,diff(phio)]/dt/2/pi/Kf; % 相位的微分
23          y3 = real(LPF(y2,fm,fs)); % 低通滤波
24          mo = y3 - mean(y3); % 隔直流
25          no = mo - m; % 输出噪声
26          SNRodB(kk) = 10 * log10((m * m´)/(no * no´)); % 输出信噪比
27          fprintf(´\n input SNR %.2fdB \t output SNR %.2fdB´,SNRdB(kk),SNRodB(kk))
28      end
29      plot(SNRdB,SNRodB)
```

本例中为了提高信噪比测量的精度,观察时间提高为 5 000 ms。由于采用了等效基带模型,所以采样率降低为 40 kHz。

仿真结果如图 1.4.1 所示。从图中可以看到明显的调频门限效应。

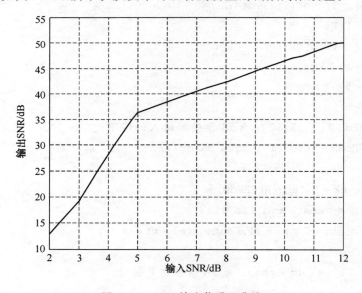

图 1.4.1　FM 输出信噪比曲线

1.4.4　数字调制

对于波形级仿真来说,数字调制和模拟调制并无实质差别,只是调制信号 $m(t)$ 变成了数字基带信号。有关数字基带信号的仿真见 1.5 节。此处举例说明如何用等效基带的方法测量数字调制的功率谱。

【例 1.4.6】(MSK)   若 FM 调制中的基带信号 $m(t)$ 是速率为 R_s 的双极性不归零信号,则调制结果是连续相位的 2FSK 信号。适当控制调制信号的幅度,使 FM 的最大频偏为 $\dfrac{1}{4R_s}$,所得已调信号就是 MSK 信号。程序如下。

```
1    clear all
2    close all

3    fs = 40;
4    T = 1600;
5    Rs = 1; % 码元速率 kBaud
6    L = 16; % 每码元中的采样数
7    fs = L * Rs;
8    N = T * fs;
9    M = T * Rs; % 总码元数
10   t = [ - (T/2):1/fs:(T/2 - 1/fs)];
11   f = [ - fs/2:(1/T):fs/2 - (1/T)];

12   Kf = 1; %  kHz/V
13   A = Rs/4/Kf; %  基带信号的幅度设置使 FM 的最大频偏为 1/(4Rs)。

14   EP = zeros(1,length(f)); %用于存储功率谱密度
15   K = 100;

16   for k = 1:K
17          a = sign(randn(1,M)); % 双极性序列
18          m = ones(L,1) * a;
19          m = A * m(:)´; %  双极性不归零信号波形

20          phi = 2 * pi * Kf * cumsum(m)/fs; %  FM 信号的相位
21          s = exp(j * phi); % FM 信号的复包络

22          S = t2f(s,fs);
23          EP = EP + abs(S).^2/T;
24   end
25   plot(f,10 * log10(EP/K))
```

仿照这个例子很容易实现其他数字调制。

1.4.5 实验

实验 8

假设基带信号为 $m(t) = \sin(2\,000\,\pi t) + 2\cos(1\,000\pi t)$，载波频率为 20 kHz，请仿真出 AM、DSB-SC、SSB 信号，观察已调信号的波形和频谱。

实验 9

假设基带信号为 $m(t) = \sin(2\,000\,\pi t) + 2\cos(1\,000\pi t) + 4\sin(500\,\pi t + \pi/3)$，载波频率为 40 kHz，仿真产生 FM 信号，观察波形与频谱，并与卡松公式做对照。FM 的频率偏移常数是 5 kHz/V。

实验 10

假设基带信号为 $m(t) = \sin(2\,000\,\pi t) + 2\cos(1\,000\,\pi t)$，用等效基带的方法仿真获得 FM 输入信噪比和输出信噪比的关系。

1.4.6 思考题

1. 如何仿真 VSB 系统？

2. 在 SSB 的解调中，如果本地载波和发送载波存在固定的相位误差 θ，如何用等效基带的方法仿真 θ 对输出信噪比的影响？

1.5　数字基带信号

1.5.1　PAM 信号

对于数字序列 $\{a_i\}$，PAM 信号可表示为

$$s(t) = \sum_{i=-\infty}^{\infty} a_i g(t - iT_s) \tag{1.5.1}$$

其中，T_s 是码元间隔，$g(t)$ 是成形脉冲。

产生 PAM 信号的方法很多，一种方法是先产生 $\sum_{i=-\infty}^{\infty} a_i \delta(t - iT_s)$，再让这个信号通过冲激响应为 $g(t)$ 的线性系统。其原理如图 1.5.1 所示。

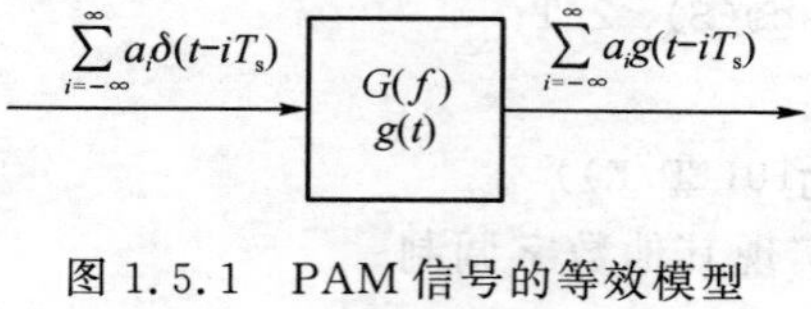

图 1.5.1　PAM 信号的等效模型

对于式 1.5.1 所示模型的信号,这是一种通用的方法。

1.5.2　升余弦滚降 PAM 信号

升余弦滚降系统是限带通信系统中的重要实例。系统模型如图 1.5.2 所示。

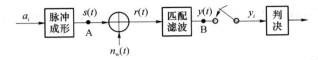

图 1.5.2　数字基带传输系统

图 1.5.2 中发送成形脉冲 $g(t)$ 的频谱为 $G(f) = \sqrt{H_升(f)}$,$H_升(f)$ 是升余弦滚降滤波器。

$$
H_升(f) = \begin{cases}
T_s & 0 \leqslant |f| \leqslant \dfrac{1-\alpha}{2T_s} \\[2mm]
\dfrac{T_s}{2}\left\{1 + \cos\left[\dfrac{\pi T_s}{\alpha}\left(|f| - \dfrac{1-\alpha}{2T_s}\right)\right]\right\} & \dfrac{1-\alpha}{2T_s} < |f| \leqslant \dfrac{1+\alpha}{2T_s} \\[2mm]
0 & |f| > \dfrac{1+\alpha}{2T_s}
\end{cases}
\tag{1.5.2}
$$

对应的冲激响应是

$$
h(t) = \frac{\sin\dfrac{\pi t}{T_s}}{\dfrac{\pi t}{T_s}} \cdot \frac{\cos\dfrac{\pi \alpha t}{T_s}}{1 - 4\alpha^2 \dfrac{t^2}{T_s^2}}
\tag{1.5.3}
$$

图 1.5.2 中 A 点的发送信号是

$$
s(t) = \sum_i a_i g(t - iT_s)
\tag{1.5.4}
$$

若数据 $\{a_i\}$ 是 0 均值独立序列,且 $E[|a_i|^2] = 1$,则发送功率谱密度为

$$
P_s(f) = \frac{1}{T_s}|G(f)|^2 = \frac{1}{T_s}H_升(f)
\tag{1.5.5}
$$

不考虑因果性,接收端的匹配滤波器的冲激响应是 $g(-t) = g(t)$[①],匹配滤波器输出信号是

$$
r(t) = \sum_{i=-\infty}^{\infty} a_i h(t - iT_s) + n(t)
\tag{1.5.6}
$$

其中,$n(t)$ 是输出噪声。

【例 1.5.1】　假设码元间隔是 $T_s = 1\,\text{ms}$,仿真产生 $\alpha = 1$ 的升余弦滚降信号。

---

① 　$G(f)$ 是实偶函数,故此 $g(t)$ 也是实偶函数。

$\alpha=1$ 的升余弦滚降的成形脉冲[①]为

$$g(t) = \frac{\sin\pi t}{\pi t} \cdot \frac{\cos\pi t}{1-(2\pi t)^2}$$

其频谱为

$$G(f) = \begin{cases} \cos^2\dfrac{\pi f}{2} & |f|<1 \\ 0 & |f|>0 \end{cases}$$

下面这段的程序用来仿真升余弦滚降的 PAM 信号,程序结果显示 16 个码元的信号波形。

```
1    clear all
2    close all
3    N = 256;
4    M = 16; % 码元个数
5    L = N/M; % 每码元中的采样点数
6    T = M; % 码元间隔是 1ms,所以总时间是 M ms
7    fs = N/T; % 采样速率
8    f = [-N/2:(N/2-1)]/T; % 频域采样点
9    t = [-(T/2):1/fs:(T/2-1/fs)]; % 时域采样点

10   % 升余弦传递函数
11   G = zeros(1,N);
12   G = cos(pi * f/2).^2;
13   G(abs(f)>1) = 0;

14   % 数据序列
15   a = 1-2 * (rand(1,M)>0.5); % 双极性
16   % 冲激序列
17   delta = zeros(1,N);
18   delta(L/2:L:N) = a * fs;

19   S = t2f(delta,fs). * G; % 输出信号的频谱
20   s = real(f2t(S,fs));

21   plot(t,s)
```

---

① 这里是总体响应,实际系统发送端是根升余弦成形,其发送脉冲与此不同。

1.5.3　眼图

眼图是数字信号在示波器上重复扫描得到的显示图形。使用模拟示波器进行眼图测量的标准方法是：以数字信号的时钟为示波器的水平输入，以数字信号为示波器的垂直输入，适当调整示波器的水平和垂直范围，屏幕就能显示出眼图。

模拟示波器本无存储重复扫描的功能，但人眼的视觉暂留会产生"重复扫描"的效果。

如果不方便提供时钟信号，也可以用示波器的内部同步触发示波器的水平扫描。此时，调节示波器的同步控制，可以使示波器建立起与被观测数字信号的时钟相同步的时间关系。

仿真中，如果一幅图的水平点数是 N_a，将长为 N 点的信号 s 分成 $\dfrac{N}{N_a}$ 段，重复画在图上即可得到眼图。若每个码元内的采样点数是 L，则 N_a 应取为 L 的整倍数，以体现示波器与输入信号的同步关系。

除了可以自己编写绘制眼图的程序外，也可以直接用 Matlab 提供的函数 eyediagram。

【例 1.5.2】　$\alpha = 1$ 升余弦系统的眼图。

下面这个程序按例 1.5.1 产生数字基带信号，然后绘制眼图。

```
1    clear all;close all

2    N = 2048;M = 128;
3    T = M;L = N/M;fs = N/T;
4    f = [ - N/2:(N/2 - 1)]/T;

5    a = 1 - 2 * (rand(1,M)>0.5);
6    delta = zeros(1,N);
7    delta(L/2:L:N) = a * fs;

8    G = zeros(1,N);G = cos(pi * f/2).^2;G(abs(f)>1) = 0;

9    S = t2f(delta,fs). * G;
10   s = real(t2f(S,fs));

11   eyediagram(s,3 * L,3,9)
12   grid
```

程序中,eyediagram 的第一个输入 s 是被观测的数字基带信号。第二个输入是示波器的显示宽度(样点数),取为 L 的整数倍表示同步。第三个输入"3"将横坐标的显示范围置为$[-3/2,3/2]$。第四个输入相当于示波器的水平移位。

【例 1.5.3】(最佳基带系统) 本例给出二进制最佳基带系统的整体仿真设计,并通过仿真得到发送功率谱和接收眼图。特别需要注意的是,功率谱的观测点是在发送端成形滤波器之后(图 1.5.2 中的 A 点),眼图的观测点是接收端采样之前(B 点)。

```
1    clear all
2    close all

3    N = 2^13; % 采样点数
4    L = 16; % 每码元的采样点数
5    M = N/L; % 码元数
6    Rs = 2; % 码元速率
7    Ts = 1/Rs; % 比特间隔
8    fs = L/Ts; % 采样速率
9    Bs = fs/2; % 系统带宽
10   T = N/fs; % 截短时间

11   t = - T/2 + [0:N-1]/fs; % 时域采样点
12   f = - Bs + [0:N-1]/T; % 频域采样点

13   alpha = 0.5; % 升余弦滚降系数
14   Hcos = zeros(1,N);
15   ii = find(abs(f)>(1-alpha)/(2*Ts)&abs(f)< = (1+alpha)/(2*Ts));
16   Hcos(ii) = Ts/2 * (1 + cos(pi*Ts/alpha * (abs(f(ii)) - (1-alpha)/(2*Ts))));
17   ii = find(abs(f)< = (1-alpha)/(2*Ts));
18   Hcos(ii) = Ts;

19   % 根升余弦特性
20   Hrcos = sqrt(Hcos);

21   EP = zeros(1,N);
22   for loop = 1:2000
23       % 产生数据序列
```

```
24          a = sign(randn(1,M));
25          % 产生 PAM 信号
26          s1 = zeros(1,N);
27          s1(1:L:N) = a * fs; % 冲激序列
28          S1 = t2f(s1,fs);
29          S2 = S1. * Hrcos;
30          s2 = real(f2t(S2,fs)); % 发送的 PAM 信号

31          P = abs(S2).^2/T;
32          EP = EP * (1 - 1/loop) + P/loop; % 累积平均
33          if rem(loop,100) = = 0
34              fprintf('\n % d',loop)
35          end
36      end
37      % 信道
38      N0 = 0.01;
39      nw = sqrt(N0 * Bs) * randn(1,N); % 白高斯噪声

40      r = s2 + nw; % 接收信号

41      R = t2f(r,fs);
42      Y = R. * Hrcos; % 匹配滤波
43      y = real(f2t(Y,fs)); % 采样前的信号

44      plot(f,EP)
45      xlabel('f (kHz)')
46      ylabel('功率谱(W/kHz)')
47      axis([ - 2,2,0,max(EP)])
48      grid
49      eyediagram(y,3 * L,3,9);
```

这个例子中采用了累积平均的编程方法。对于一个序列 $\{X_1, X_2, \cdots\}$，令 Y_n 表示前 n 项的平均值：

$$Y_n = \frac{X_1 + X_2 + \cdots + X_n}{n} \tag{1.5.7}$$

则有

$$Y_{n+1} = \frac{X_1 + X_2 + \cdots + X_n + X_{n+1}}{n + 1} \tag{1.5.8}$$

$$= \frac{nY_n + X_{n+1}}{n+1} \tag{1.5.9}$$

$$= \left(1 - \frac{1}{n+1}\right)Y_n + \frac{1}{n+1}X_{n+1} \tag{1.5.10}$$

用式(1.5.10)做平均时,不需要存储过去的测量结果$\{X_1, X_2, \cdots, X_n\}$。

如果系统的总体响应不满足奈奎斯特无码间干扰准则,系统在采样点得到的采样值将存在码间干扰。这一点将会体现在眼图上。

【**例 1.5.4**】**(有码间干扰的眼图)** 有许多情形可以造成码间干扰。例如若系统的总体响应是按照$R_{s1} = 1/T_{s1}$设计的,其总体响应为

$$H_{升}(f) = \begin{cases} T_{s1} & 0 \leqslant |f| \leqslant \dfrac{1-\alpha}{2T_{s1}} \\[2mm] \dfrac{T_{s1}}{2}\left\{1 + \cos\left[\dfrac{\pi T_{s1}}{\alpha}\left(|f| - \dfrac{1-\alpha}{2T_{s1}}\right)\right]\right\} & \dfrac{1-\alpha}{2T_{s1}} < |f| \leqslant \dfrac{1+\alpha}{2T_{s1}} \\[2mm] 0 & |f| > \dfrac{1+\alpha}{2T_{s1}} \end{cases} \tag{1.5.11}$$

如果系统以码元速率$R_s \neq R_{s1}$发送冲激序列$\sum\limits_{k=-\infty}^{\infty} a_k \delta(t - kT_s)$,就有可能产生码间干扰。从收端观察无噪声情况下的眼图,将能清楚的看到这一点。

具体程序和例 1.5.3 一样,只需修改与 Hcos 有关的几行。例如当$R_s/R_{s1} = 1.2$时,这几行应改为:

```
14    Hcos = zeros(1,N);
15    Ts1 = Ts * 1.2;
16    ii = find(abs(f)>(1 - alpha)/(2 * Ts1)&abs(f)< = (1 + alpha)/(2 * Ts1));
17    Hcos(ii) = Ts1/2 * (1 + cos(pi * Ts/alpha * (abs(f(ii)) - (1 - alpha)/(2 * Ts1))));
18    ii = find(abs(f)< = (1 - alpha)/(2 * Ts1));
19    Hcos(ii) = Ts1;
```

1.5.4 NRZ 及 RZ 信号

虽然不归零(NRZ)信号和归零(RZ)信号也属于 PAM 信号,但这些信号的仿真可以简单实现,不必按照图 1.5.1 所示的模型,让冲激序列通过滤波器。

【**例 1.5.5**】 产生占空比为 50% 的单极性归零信号,码元速率是 5 kbit/s。

```
1    L = 64;% 每个码元间隔内的采样点数
2    N = 512;% 总采样点数
3    M = N/L;% 总码元数
```

```
4      Rs = 5;  %  kbit/s
5      Ts = 1/Rs;  % 码元间隔是 0.2 ms
6      T = M * Ts;
7      fs = N/T;
8      t = [-(T/2):1/fs:(T/2-1/fs)];

9      a = (randn(1,M)>0);  % 产生单极性数据

10     tmp = zeros(L,M);
11     L1 = L * 0.5;  % 0.5 是占空比
12     tmp([1:L1],:) = ones(L1,1) * a;

13     s = tmp(:)´;

14     plot(t,s)
15     axis equal
16     grid
```

对于矩阵 A,A(:)´是把 A 的元素排成一行。

1.5.5　AMI 码

AMI 是线路码型的一种,线路码型是特别针对设备之间的线缆连接而设计的数字信号。

AMI 码的主要特点是其传号(对应信息"1")的极性交替反转。这种编码能使信号在零频一带有很少的能量,从而可以让信号通过隔直流电路而不产生明显的失真。

假设 $\{a_i\}$,$\{b_i\}$ 分别是原始信息序列和 AMI 码序列,$a_i \in \{0,1\}$,$b_i \in \{-1,0,+1\}$。AMI 的编码规则,也即 b_i 和 a_i 的关系是

$$b_i = \begin{cases} 0 & a_i = 0 \\ -b_j & a_i = 1 \end{cases} \tag{1.5.12}$$

其中 b_j 是 i 时刻之前的最后一个传号。

【例 1.5.6】　根据式(1.5.12)进行 AMI 编码。

```
1      M = 16;
2      a = (randn(1,M)>0);
3      b = zeros(1,M);
```

```
4       tmp = 1;
5       for i = 1:M
6           if a(i) = = 1
7               b(i) = - tmp;
8               tmp = b(i);
9           else
10              b(i) = 0
11          end
12      end
13      disp([a;b])
```

式(1.5.12)也可以等价地表示为

$$b_i = -a_i \prod_{k=-\infty}^{i} (1-2a_k) \qquad (1.5.13)$$

【例 1.5.7】 根据式(1.5.13)进行 AMI 编码。

```
1       M = 16;
2       a = (randn(1,M)>0);
3       tmp1 = 1 - 2 * a;
4       tmp2 = cumprod(tmp1);
5       b = - a. * tmp2;
6       disp([a,b])
```

【例 1.5.8】(AMI 码的波形及功率谱密度) 在实际应用中,AMI 一般采用半占空的归零波形(RZ-AMI)。对于普通的半占空归零码,如果数据是独立等概序列,其功率谱的主瓣带宽是码元速率的 2 倍。AMI 码是一种 PAM 信号,PAM 信号的功率谱不仅取决于成形脉冲的频谱形状,还与序列的相关性有密切关系。AMI 码的编码引入了序列的前后相关性,这一点对频谱的具体影响表现为:(1)信号无直流分量,并且零频附近能量很少;(2)主瓣带宽仍然是码元速率,不是 2 倍的码元速率。

```
1       % 本程序中时间单位是 ms,频率单位是 kHz,码元速率单位是 kbit/s
2       clear all
3       close all

4       N = 2^13; % 采样点数
5       L = 32; % 每码元的采样点数
6       M = N/L; % 码元数
7       Rb = 2; % 码元速率
8       Ts = 1/Rb; % 比特间隔
```

```
9    fs = L/Ts; % 采样速率
10   Bs = fs/2; % 系统带宽
11   T = N/fs; % 截短时间

12   t = - T/2 + [0:N-1]/fs; % 时域采样点
13   f = - Bs + [0:N-1]/T; % 频域采样点

14   EP = zeros(1,N);
15   for loop = 1:1000
16        % 产生数据序列
17        a = (rand(1,M)>0.5);

18        % AMI 编码
19        tmp1 = 1 - 2 * a;
20        tmp2 = cumprod(tmp1);
21        b = - a. * tmp2;

22        % 产生 AMI 码波形
23        s = [ones(L/2,1) * b;zeros(L/2,M)];
24        s = s(:)´;
25        S = t2f(s,fs);

26        % 样本信号的功率谱密度
27        P = abs(S).^2/T;

28        % 随机过程的功率谱是各个样本的功率谱的数学期望
29        EP = EP * (1 - 1/loop) + P/loop;
30   end

31   figure(1)
32   plot(t,s)
33   xlabel(´t (ms)´)
34   ylabel(´s(t) (V)´)
35   axis([- 4,4,- 2,+ 2])

36   figure(2)
```

```
37    plot(f,EP)
38    xlabel(´f (kHz)´)
39    ylabel(´功率谱(W/kHz)´)
40    axis([-4,4,0,max(EP)])
```

1.5.6　实验

实验 11

通过仿真测量占空比为 25%、50%、75% 以及 100% 的单、双极性归零码波形及其功率谱。

实验 12

仿真测量滚降系数为 $\alpha=0.25$ 的根升余弦滚降系统的发送功率谱密度及眼图。

实验 13

通过仿真考察信源分布对 AMI 功率谱的影响,考虑信源中"1"的概率为 0.3、0.5 及 0.7。

实验 14

参考例 1.5.4,观察 $R_s/R_{s1}=0.5$、0.75、1、1.25、1.5 时的无噪声眼图,判断采样点是否有码间干扰。

1.5.7　思考题

1. 滚降系数的大小与升余弦滚降信号的眼图是什么关系? 和信道带宽又是什么关系?

2. 当信源中"1"的概率从 0 向 1 逐步提高时,AMI 信号的功率会有什么变化?

3. 某个基带系统的发送滤波和接收滤波已经按照 1 000 Baud 的速率设计好。假设不改变硬件滤波器,直接改变信源的速率,是否所有低于 1 000 Baud 的传输在采样点都无码间干扰? 为什么?

1.6　误码率仿真

误码率是数字通信系统中最重要的测量目标之一。由于其特殊性,我们将这个问题抽取出来,单列一节。

误码率仿真中的主要困难是保证低误码率时的测量精度。因此,误码率仿真应尽可能在符号级上进行。请注意仿真实验和实物实验的不同:对于同一个系统,实物实验是设计制造出这个系统,然后用它来测量各种指标。仿真实验虽然也可以这样做,即完整设计出一个系统,然后测量各种不同指标,但更为优化的方案是:对于不同的指标,设计不同的仿真系统。例如对于功率谱分析和眼图观察,应设计波形级的仿真,样本长度考虑功率谱和眼图的稳定性。而对于误码率仿真,首先应考虑设计符号级仿真,样本长度应保证低误码率的置信度。

1.6.1　误码率

在仿真系统中,将发送的码元和接收码元相比,就可以数出有多少个错误,再除以总发送的码元数就是测量得到的误码率

$$误码率 = \frac{错误码元总数}{发送码元总数} \tag{1.6.1}$$

根据统计学,这样得到的误码率是误码的"频率",不是"概率"。频率是对概率的估计值。根据大数定律,总码元数越多,估计精度也就越好。假设在待研究的问题中,真正的错误概率为 p,那么,为了有一个好的置信度,仿真中的总码元数 M 一般应大于 $100/p$。这样,平均观察到的错误数将是 $Mp > 100$ 个。如果编写仿真程序时不知道被测系统的误码率 p 的大致数值,可以将程序的终止条件设计为观察到 100 个错误后停止。

1.6.2　二进制系统的误码率

图 1.5.2 给出的是一个波形级的二进制最佳基带传输系统。为了降低仿真数据量、减少仿真时间,误码率仿真可以采用图 1.6.1 所示的符号级等效模型。

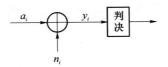

图 1.6.1　数字基带传输系统的符号级等效模型

图 1.6.1 中 $a_i \in \{\pm 1\}$ 是独立等概的二进制数据。假设系统中 $g(t)$ 的设计合理,因此采样点没有码间干扰。再假设匹配滤波器的系数经过了适当的设计,使得采样输出可表示为

$$y_i = a_i + n_i \tag{1.6.2}$$

其中,n_i 是信道白高斯噪声在图 1.5.2 中采样点 B 产生的分量,其均值为 0,方差为 σ^2。

这样,我们就把图 1.5.2 这个波形级系统模型等价地转换成了图 1.6.1 这样一个符号级的系统模型。

【例 1.6.1】(二进制基带系统的误码率仿真)　按图 1.6.1 编写的误码率仿真程序如下。

```
1    SNR = 9.8;% 信噪比为 9.8dB
2    sigma2 = 10^( - SNR/10);% 噪声方差
3    M = 1e6;
4    a = sign(randn(1,M));
```

```
5      y = a + sqrt(sigma2) * randn(size(a));
6      b = sign(y); % 判决
7      Pb = nnz(b ～ = a)/M
```

注意上面这个例子直接等价于 BPSK 系统。如果 a 的取值是 0、1,则相应改动程序后得到的结果是 OOK 的误码率。

1.6.3　高阶调制的误码率

高阶调制的误码率仿真也可以和前一节一样,采用符号级的仿真模型。不同之处是,高阶调制的复包络是复数信号,因此其符号级模型也是复数模型。注意符号级模型是比等效基带模型更简略的模型。

设有 M 进制信源 $s \in \{0, 1, \cdots, M-1\}$,$s$ 等概出现。实际当中,随机变量 s 的每个整数取值表示 $\log_2 M$ 个二进制比特。

将随机符号 s 映射为某个星座点 $x \in \Omega$,然后发送。$\Omega = \{x_1, x_2, \cdots, x_M\}$ 是星座点集合,其中的 x_i 是复数。假设星座图的能量已经归一化,即 $E[|x|^2] = \dfrac{1}{M}(|x_1|^2 + \cdots + |x_M|^2) = 1$。

系统模型为

$$y = \sqrt{E_s}\, x + n \tag{1.6.3}$$

式中 n 是 0 均值的复高斯噪声,每维方差都是 $N_0/2$,且实部虚部相互独立,n 的功率是 $\sigma^2 = N_0$。[①]

y 中的信噪比是

$$\mathrm{SNR} = \frac{E[|\sqrt{E_s}\, x|^2]}{E[|n|^2]} = \frac{E_s}{N_0} \tag{1.6.4}$$

注意对于一维调制,式(1.6.3)中的发送符号 x 是实数。此时,y 的实部已经是充分统计量,故此接收机不用考虑 y 的虚部。于是,模型相应成为

$$y_c = \sqrt{E_s}\, x + n_c \tag{1.6.5}$$

其中,y_c 是 y 的实部,n_c 是 n 的实部。由于噪声少了一半,此时的信噪比是 $\mathrm{SNR} = 2E_s/N_0$。

信噪比是 E_s 和 N_0 的比值,故此,若将它们中的任何一个归一化为 1 而保持 SNR 不变,则没有使问题发生改变。不妨假设 $E_s = 1$,此时复噪声的标准差为

$$\sigma = \sqrt{\frac{1}{\mathrm{SNR}}} \tag{1.6.6}$$

若 SNR_{dB} 表示 SNR 的分贝值,则

$$\sigma = 10^{-\mathrm{SNR}_{dB}/20}$$

[①]　请参考周炯槃等编著的《通信原理》第 3 版,6.4 节。

接收端进行 ML 检测时,用收到的 y 和 Ω 中的星座点逐一比较欧氏距离 $|y-s_k|$,然后以距离最小者作为发送符号 s 的判决

$$\hat{s}=\arg\min_{k}\{|y-s_k|\}$$

若 $\hat{s}$ 与发送的符号 s 不同,则发生了符号判决错误。

注意一个符号携带 $\log_2 M$ 个比特,接收端发生符号判决错误时,未必所携带的比特都错。

【例 1.6.2】(8PSK 误符号率仿真)　根据上述讨论可给出 8PSK 误符号率仿真程序如下。

```
1    clear all
2    close all

3    SNRdB = [0,1:18];
4    cons = exp(j * pi/4 * [0,7]); % 8PSK 的星座图
5    cons = cons/(cons * cons')*8; % 能量归一化。注意对于 8PSK,这个操作可以略去

6    M = 1e5; % 仿真中的符号数
7    ss = zeros(M,1);

8    num err = zeros(1,length(SNRdB)); % 记录错误数
9    b = (rand(M,3)>0.5); % 信息比特
10   s = bi2de(b) + 1; % 取值于 1~8 的整数符号

11   x = cons(s); % 发送的星座点符号

12   for i = 1:length(SNRdB)

13       sigma = 10^( - SNRdB(i)/10); % 实部和虚部总的噪声功率
14       noise = (randn(1,M) + j * randn(1,M))/sqrt(2); % 总功率为 1 的噪声

15       y = x + sqrt(sigma) * noise;
16       for ii = 1:M
17           d2 = abs(cons - y(ii)); % 计算欧氏距离
18           [temp,ss(ii)] = min(d2); % ML 判决
19       end

20       num err(i) = nnz(ss - s); % 错误计数
```

```
21    end

22    figure(1)
23    Pe = num err/M;
24    semilogy(SNRdB,Pe)

25    figure(2)
26    plot(real(cons),imag(cons),´＊´) ％ 画出星座图
27    axis equal
```

1.6.4　ISI 信道的误码率

码间干扰(ISI)将使数字通信系统的误码率恶化。通常来说,有 ISI 时的误码率的理论分析比较困难,但用仿真的方法得到 ISI 下的误码率要容易得多。

一般而言,若发送序列为$\{a_n\}$,系统的总体响应的采样为$\{x_n\}$,则接收端的第 m 个采样值为[①]

$$y_m = \sum_n a_n x_{m-n} + \gamma_m \tag{1.6.7}$$

$$= x_0 a_m + \sum_{n \neq m} + a_n x_{m-n} + \gamma_m \tag{1.6.8}$$

$$= x_0 a_m + i_m + \gamma_m \tag{1.6.9}$$

其中,γ_m 是白高斯噪声在匹配滤波器输出端的采样值,$i_m = -\sum_{n \neq m} a_n x_{m-n}$ 是码间干扰。若 $\{a_n\}$ 是独立序列,则 i_m 是与 a_m 独立的随机变量。

如果系统经过了仔细的设计,使得总体响应满足奈奎斯特准则,那么

$$x_k = \begin{cases} 1, k = 0 \\ 0, k \neq 0 \end{cases} \tag{1.6.10}$$

此时 i_m 恒为零,即无码间干扰。如果存在 $k \neq 0$,使得 $x_k \neq 0$,则由于数据的随机性,$\sum_{n \neq m} a_n x_{m-n}$ 不可能恒为零,此时存在码间干扰。

误码率仿真的关键是模拟 i_m。最自然的做法是根据式(1.6.7),用卷积来得到输出序列 $\sum_n a_n x_{m-n}$,再叠加噪声后进行判决。如果 i_m 是与 a_m 独立的随机变量,也可以单独产生随机变量 i_m,再按式(1.6.9)进行仿真。

【例 1.6.3】(有码间干扰时的 BPSK 系统的误码率)　若式(1.6.9)中的 $a_m = \pm 1$ 或其他双极性数值,则该式就是 BPSK 系统的符号级模型。假设信道总体响应的采样值是

---

① 见周炯槃等编著的《通信原理》第 3 版 142 页。

$x_0 = 1, x_1 = 0.5, x_2 = 0.25$，其余 $x_k = 0$，则表明前面的两个符号干扰当前符号。码间干扰是

$$i_m = 0.5a_{m-1} + 0.25a_{m-2} \tag{1.6.11}$$

它是一个取值于 $\{\pm 0.25, \pm 0.75\}$ 的 4 进制符号，各符号的概率相同。仿真程序如下。

```
1    EbN0 = [0:20];  % dB
2    ebn0 = 10.^(EbN0/10);  % Eb/N0 的线性值

3    Pb = zeros(1,length(EbN0));
4    M = 3e6;  % 码元数

5    for i = 1:length(EbN0)
6        sigma = sqrt(1/(2 * ebn0(i)));  % 噪声的标准差
7        a = sign(randn(1,M));  % 发送的数据
8        I = 0.5 * sign(randn(1,M)) + 0.25 * sign(randn(1,M));  % 模拟 ISI
9        y = a + sigma * randn(1,M) + I;
10       Pb(i) = nnz(y. * a<0)/M;
11       fprintf('\ n %.1fdB %.2g',EbN0(i),Pb(i))
12   end
13   semilogy(EbN0,Pb)
```

1.6.5　实验

实验 15

对于 $M = 4,16$，仿真 MQAM 的误符号率曲线和误比特率曲线。其中 $M = 4$ 即为 QPSK，$M = 16$ 是标准 16QAM（正方星座）。

实验 16

（a）对于图 1.6.2(a)中所示的 8PSK，仿真其误符号率曲线。

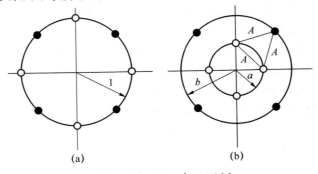

图 1.6.2　8PSK 与 8QAM

(b) 编写仿真程序,将图(a)中 4 个空心点向内移动,成为图(b),当图(b)中的三角形成为等边三角形时停止移动,然后将星座图的能量归一化。测量出此时的 A, a, b 值。

(c) 仿真图(b)这个 8QAM 星座图的误符号率曲线,并同 8PSK 进行比较。

实验 17

参考例 1.5.4,若 $R_s/R_{s1}=1.5$,仿真此时的误比特率曲线。

1.6.6 思考题

1. 对于 BPSK,如果信源中"1"的概率从 0 向 1 逐步提高时,最佳译码器(MAP 译码器)的判决门限该如何调整? 对于 8PSK,假设图 1.6.2(a)中空心点的出现概率逐步趋向 0,各个符号的最佳判决域有何变化?

2. 有两个 8PSK 调制,一个采用格雷码,另一个是非格雷码,它们的误符号率、误比特率会有什么差别?

1.7   信道编码

对于二进制编码及硬判决译码,可以采用图 1.2.2(d)的模型。信道差错的仿真很简单,对于误码率为 p 的随机差错,只需要产生一个独立二进制序列,其中"1"的出现概率为 p。例如,若码长是 $n=15$,信道误比特率是 $p=0.01$,则错误图样 $e=(e_{n-1}, e_{n-2}, \cdots, e_0)$ 的仿真语句是

1   e = rand(1,15)<0.01

信道编码仿真的主要难点是编译码的仿真实现。

1.7.1   线性分组码

(n,k) 线性分组码由其生成矩阵 G,或者校验矩阵 H 完全确定。G 是一个 $k \times n$ 的矩阵,H 是 $r \times n$ 的矩阵,其中 $r=n-k$。

G 的各行线性无关,这些行的各种组合构成了所有合法码字。若令 C 是全部码字的集合,则 C 有 2^k 个元素,每个元素 $c \in C$ 是一个码字向量:$c=(c_{n-1}, c_{n-2}, \cdots, c_0)$,$G$ 的各行是 C 中的 k 个线性无关的向量。

H 的各行也是线性无关的。所有 $c \in C$ 都满足

$$Hc^{\mathrm{T}} = 0 \tag{1.7.1}$$

因此 G 和 H 之间的关系是

$$HG^{\mathrm{T}} = 0 \tag{1.7.2}$$

给定 C 时，G、H 都不唯一。实际当中经常使用的是系统码形式的生成矩阵，其结构形式为 $G=[I_{k\times k},Q]$。对于合理设计的任何 G，总可以化为系统码形式。

给定 G 时，H 也不唯一，但都能化为典型阵形式：$H=[P,I_{r\times r}]$，其中 $r=n-k$，$P=Q^{\mathrm{T}}$。

【例 1.7.1】　下面的函数通过初等行变换将 G 化为系统码形式，同时输出典型形式的 H。

```
1      function [H,G] = G2H(G)
2      [k,n] = size(G);

3      for kk = 1:k
4          tmp = G(kk:end,kk:end); % 取出一个子矩阵
5          [a,b] = sort(tmp(:,1),′descend′);
6          tmp = tmp(b,:); % 调换行
7          a = find(tmp(:,1) == 1); % 找出第一列中元素为"1"的行号。
8          if nnz(a)>1 % 如果多于一个
9              for i = 1:nnz(a) - 1 % 将这些行的第 1 列元素变成"0"
10                 tmp(a(i + 1),:) = rem(tmp(a(i + 1),:) + tmp(1,:),2);
11             end
12         end
13         G(kk:end,kk:end) = tmp; % 子矩阵装回
14         a = find(G(:,kk) == 1); % 找出第 kk 列中非零元素的行号
15         if nnz(a)>1 % 若多于一个
16             for i = 1:nnz(a) - 1 % 将前 1 -- (kk - 1)行中这样的元素变成"0"
17                 G(a(i),:) = rem(G(kk,:) + G(a(i),:),2);
18             end
19         end
20     end

21     Q = G(:,k + 1:end);
22     H = [Q′,eye(n - k)];
23
```

此程序首先通过调换行将 G 的第 1 行第 1 列变成"1"，再通过将第 1 行加到其他行，使第 1 列的其他元素变成"0"。之后去除 G 的第一行第一列形成一个子矩阵 tmp，重复前面的过程，然后将子矩阵装回 G。此时 G 的第 1 列是 $(100\cdots0)^{\mathrm{T}}$，第 2 列是 $(x100\cdots0)^{\mathrm{T}}$，若 x 是"1"，则将 G 的第 2 行加到第 1 行，使 x 为"0"。以后重复这一过程。

发送端发送某个 $c=(c_{n-1},c_{n-2},\cdots,c_0)\in C$，经过信道后成为

$$y=c+e \tag{1.7.3}$$

其中的＋是模二加。接收端根据 y 推测发送端发送的是 C 中的哪个元素。具体做法如下：

（1）先用 y 算出伴随式 $s=yH^{\mathrm{T}}$。

（2）再用 s 得到最可能的错误图样，即可纠正错误图样 $\hat{e}$。

（3）然后得到译码结果为 $\hat{c}=y+\hat{e}$。

其中第（2）步的原理是 $s=yH^{\mathrm{T}}=eH^{\mathrm{T}}$，即 s 只与错误图样有关，与发送内容无关。因此，可以用 s 来求解 e。但给定 s 时，满足线性方程组 $s=eH^{\mathrm{T}}$ 的 e 并不唯一，只能选择最可能的错误图样，即码重最小的。用 s 求解 $\hat{e}$ 的这个步骤通常是事先进行的。例如先用各种 s 的取值求得相应的可纠正错误图样，将结果存储在接收机中。以后接收机每次收到 y 后算出 s，再查表得到 $\hat{e}$，然后执行上述第（3）步骤。

【例 1.7.2】（求解最佳错误图样）　假设 H 是典型阵，$H=[P,I]$，则 $\tilde{e}=(0_k,s)$ 一定是方程组 $s=eH^{\mathrm{T}}$ 的一个解，其中 0_k 是长为 k 的全零向量。将 $\tilde{s}$ 与 C 中的码字逐一相加，可以得到伴随式为 s 的全部错误图样，再比较码重可以得到可纠正错误图样。

```
1     r = n - k;
2     M1 = 2^k;  % 合法码字个数
3     M2 = 2^r;  % 可纠正错误图样的个数
4     C = rem(de2bi([0:M1 - 1]) * G,2);  % 全部码字的集合
5     E = zeros(2^r,n);  % 可纠正错误图样集合
6     for i = 1:2^r
7         e1 = [ zeros(1,k) de2bi(i - 1,r)];
8         E1 = rem(ones(M1,1) * e1 + C,2);  % 伴随式为 de2bi(i - 1,r)时的全部
错误图样
9         [temp,idx] = min(sum(E1'));  % 找出码重最小者
10        E(i,:) = E1(idx,:);
11    end
```

此程序已假设 H 是典型阵，因此对于不同的 i，[zeros(1,k), de2bi(i - 1,r)]将对应不同的伴随式。

【例 1.7.3】（(7,4)汉明码的错误率仿真）　假设(7,4)汉明码的生成矩阵和校验矩阵分别为

$$G=\begin{pmatrix} 1 & 0 & 0 & 0 & 1 & 0 & 1 \\ 0 & 1 & 0 & 0 & 1 & 1 & 1 \\ 0 & 0 & 1 & 0 & 1 & 1 & 0 \\ 0 & 0 & 0 & 1 & 0 & 1 & 1 \end{pmatrix} \tag{1.7.4}$$

$$H = \begin{pmatrix} 1 & 1 & 1 & 0 & 1 & 0 & 0 \\ 0 & 1 & 1 & 1 & 0 & 1 & 0 \\ 1 & 1 & 0 & 1 & 0 & 0 & 1 \end{pmatrix} \qquad (1.7.5)$$

用例 1.7.2 中的方法得到各伴随式的可纠正错误图样如表 1.7.1 所示。

表 1.7.1 (7,4)汉明码的可纠正错误图样

伴随式	可纠正错误图样
0 0 0	0 0 0 0 0 0 0
1 0 0	0 0 0 0 1 0 0
1 1 0	0 0 0 0 0 1 0
0 0 1	0 0 1 0 0 0 0
0 1 0	0 0 0 1 0 0 0
1 0 1	0 0 0 0 0 0 1
0 1 1	1 0 0 0 0 0 0
1 1 1	0 1 0 0 0 0 0

仿真程序如下：

```
1    clear all
2    close all

3    p = [0.001 0.002 0.005 0.01 0.02 0.05 0.1]; % 信道的误比特率
4    nb_berr = zeros(size(p)); % 比特错误计数器
5    nb_werr = zeros(size(p)); % 码字错误计数器
6    nb_word = zeros(size(p)); % 码字计数器

7    G = [1 0 0 0 1 0 1
8         0 1 0 0 1 1 1
9         0 0 1 0 1 1 0
10        0 0 0 1 0 1 1];

11   H = [1 1 1 0 1 0 0
12        0 1 1 1 0 1 0
13        1 1 0 1 0 0 1];
14   E = [0 0 0 0 0 0 0
15        0 0 0 0 1 0 0
16        0 0 0 0 0 1 0
17        0 0 1 0 0 0 0
18        0 0 0 0 0 0 1
19        1 0 0 0 0 0 0
20        0 0 0 1 0 0 0
```

```
21              0 1 0 0 0 0 0];

22      [k,n] = size(G);
23      r = n - k;

24      for i1 = 1:length(p)
25          while nb_werr(i1)<100
26              nb_word(i1) = nb_word(i1) + 1;
27              u = rand(1,4)<0.5;
28              c = rem(u * G,2);

29              e = rand(1,7)<p(i1); % BSC 信道的错误图样
30              y = rem(c + e,2);

31              s = rem(y * H´,2); % 伴随式
32              ii = bi2de(s) + 1;
33              e2 = E(ii,:); % 查出可纠正错误图样

34              c2 = rem(y + e2,2); % 译码结果

35              uu = c2(1:k); % 译码得到的信息比特

36              if any(uu~ = u) % 错误计数
37                  nb_berr(i1) = nb_berr(i1) + nnz(uu~ = u);
38                  nb_werr(i1) = nb_werr(i1) + 1;
39              end

40              if rem(nb_word(i1),2e4) = = 0 | any(uu~ = u)
41                  fprintf(´\ n %.2g %g %d´,p(i1),nb_word(i1), nb_werr(i1))
42              end
43          end
44      end
45      figure(1)
46      Peb = nb_berr./nb_word/k; % 比特错误率
47      Pew = nb_werr/nb_word; % 码字错误率
48      loglog(p,[Peb;Pew],´ * - ´)
```

```
49      legend(´code word error rate´,´bit error rate´)
```

【例 1.7.4】(优化的汉明码仿真程序)　对于信道编码的仿真来说,低误码率下的仿真一般都非常耗时。对于例 1.7.3,可以进行优化。

首先,对于线性分组码、最大似然译码(上例中的译码等效于 ML 译码)以及无记忆二元对称信道(即随机差错),所有码字的错误率是相同的。因此,可以假设发送端始终发送全零码字,从而可以跳过编码的仿真。

其次,汉明码可以纠正 1 比特错,因此对于错误图样的码重为 0 和 1 的情形,可以跳过译码程序。

```
1       clear all
2       close all
3       p = [0.001 0.002 0.005 0.01 0.02 0.05]；% 信道的误比特率
4       nb_berr = zeros(size(p))；% 比特错误计数器
5       nb_werr = zeros(size(p))；% 码字错误计数器
6       nb_word = zeros(size(p))；% 码字计数器

7       H = [1 1 1 0 1 0 0
8            0 1 1 1 0 1 0
9            1 1 0 1 0 0 1]；

10       E = [0 0 0 0 0 0 0
11           0 0 0 0 1 0 0
12           0 0 0 0 0 1 0
13           0 0 1 0 0 0 0
14           0 0 0 0 0 0 1
15           1 0 0 0 0 0 0
16           0 0 0 1 0 0 0
17           0 1 0 0 0 0 0]；

18      [r,n] = size(H)；
19      k = n - r；

20      for i1 = 1:length(p)
21          while nb_werr(i1)<100
22              err = 0；
23              nb_word(i1) = nb_word(i1) + 1；
24              e = rand(1,7)<p(i1)；% BSC 信道的错误图样
```

```
25          if nnz(e)＞1 % 跳过肯定能译对的情形
26              s = rem(e * H′,2);
27              ii = bi2de(s) + 1;
28              e2 = E(ii,:);
29              err = nnz(e2(1:k));
30              if err＞0 % 错误计数
31                  nb_berr(i1) = nb_berr(i1) + err;
32                  nb_werr(i1) = nb_werr(i1) + 1;
33              end
34          end
35          if rem(nb_word(i1),1e6) == 0 ｜ err＞0
36              fprintf(′\n %.2g %g %d′,p(i1),nb_word(i1), nb_werr(i1))
37          end
38      end
39  end
40  Peb = nb_berr./nb_word/k; % 比特错误率
41  Pew = nb_werr/nb_word; % 码字错误率
42  loglog(p,[Peb;Pew],′ * - ′)
43  legend(′code word error rate′,′bit error rate′)
```

1.7.2 循环码

循环码是线性分组码的一个子集。若(n,k)循环码的码字集合是C,将任意一个码字 $c=(c_{n-1},c_{n-2},\cdots,c_0)\in C$ 表达为多项式 $c(x)=c_{n-1}x^{n-1}+c_{n-2}x_{n-2}+\cdots+c_0$,并记这些多项式的集合为 $C(x)$,则所有 $c(x)\in C(x)$ 都能被生成多项式 $g(x)$ 整除,并且 $g(x)\in C(x)$,即生成多项式也代表一个码字。

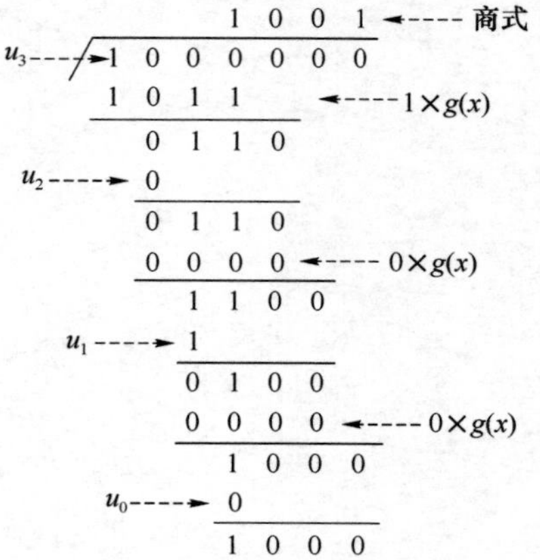

将信息分组 $u = (u_{k-1},u_{k-2},\cdots,u_0)$ 表示为多项式是 $u(x) = u_{k-1}x^{k-1}+u_{k-2}x^{k-2}+\cdots+u_0$。系统码的编码方式是:用 $g(x)$ 除多项式 $u(x)x^{n-k}$,若得余式为 $r(x)$,则编码结果的多项式表达为 $c(x)=u(x)x^{n-k}+r(x)$。

图 1.7.1 示出了 $x^6 + x^4$ 被 $g(x)=x^3+x+1$ 除的例子,结果得商为 $q(x)=x^3+1$,得余为 $x+1$。

图 1.7.1　竖式除法

仿照这个例子编写的除法程序如下。

```
1      q = zeros(1,n - m + 1);
2      r = zeros(1,m - 1);
3      temp = zeros(1,m);

4      for i = 1:n - m + 1
5          temp(1) = rem(temp(1) + a(i),2);
6          q(i) = temp(1);
7          temp = rem(temp + b * q(i),2);
8          temp = [temp(2:end),0];
9      end
10     r = rem(temp(1:end - 1) + a(n - m + 2:end),2);
```

此程序中,被除式为 $a(x) = a_{n-1}x^{n-1} + a_{n-2}x^{n-2} + \cdots + a_0$ 除式为 $b(x) = b_{m-1}x^{m-1} + b_{m-2}x^{m-2} + \cdots + b_0$,其中 $1 < m < n, b_{m-1} = 1$,除法得商 $q(x)$,得余 $r(x)$。

循环码译码器收到的是 $y = c + e$,也即 $y(x) = c(x) + e(x)$。译码器用 $g(x)$ 去除 $y(x)$,得到余式 $s(x)$,为伴随式。[①]

$s(x)$ 只与 $e(x)$ 有关,与发送内容 $c(x)$ 无关。给定 $s(x)$ 时,对应的错误图样 $e(x)$ 有多种,可事先确定出最可能的错误图样,存储起来。译码器用 $s(x)$ 查出可纠正错误图样,然后纠正错误。

对于 k 较小的循环码或者线性分组码,也可以采用穷举式的 ML 译码。即用 y 同 C 中的元素逐一比较,以汉明距最近者为译码结果。

【例 1.7.5】(循环汉明码的仿真)　(7,4)循环汉明码的生成多项式为

$$g(x) = x^3 + x^2 + 1 \tag{1.7.6}$$

对应的二进制表示是 1101,八进制表示是 15。

若输入的信息分组是 $u = (u_3, u_2, u_1, u_0)$,对应多项式为 $u(x) = u_3 x^3 + u_2 x^2 + u_1 x + u_0$,则系统码的编码结果是 $c = (c_6, c_5, c_4, c_3, c_2, c_1, c_0) = (u_3, u_2, u_1, u_0, p_2, p_1, p_0)$,其中 (p_2, p_1, p_0) 是校验位。码字多项式是 $c(x) = x^3 u(x) + r(x)$。其中 $r(x) = p_2 x^2 + p_1 x + p_0$。$c(x)$ 一定能被 $g(x)$ 整除。

按长除法编写的编码程序如下:

```
1      function c = enc74(u)
2      g1 = [1 0 1]; % 生成多项式是 g = 1101

3      % 信息分组后面补 3 位 0

4      temp = [u,0,0,0];
```

---

① 　需要注意的是,这个 $s(x)$ 所对应的向量不一定等于 yH^T。

```
5       % 按竖式除法求余
6       for i = 1:4
7           if temp(1) = = 1
8               temp = rem(temp(2:end) + [g1,zeros(1,4 - i)],2);
9           else
10              temp = temp(2:end);
11          end
12      end
13      % 编码结果
14      c = [u,temp];
```

(7,4)码的 $k = 4$ 很小,故可以采用编程最为简单的穷举 ML 译码,程序如下。

```
1       function uu = dec74(y)
2       % 全部码字列表
3       C = [0 0 0 0 0 0 0;0 0 0 1 1 0 1;0 0 1 0 1 1 1;0 0 1 1 0 1 0;…
4           0 1 0 0 0 1 1;0 1 0 1 1 1 0;0 1 1 0 1 0 0;0 1 1 1 0 0 1;…
5           1 0 0 0 1 1 0;1 0 0 1 0 1 1;1 0 1 0 0 0 1;1 0 1 1 1 0 0;…
6           1 1 0 0 1 0 1;1 1 0 1 0 0 0;1 1 1 0 0 1 0;1 1 1 1 1 1 1];

7       % 逐一比较汉明距
8       for i = 1:16
9           d(i) = nnz(C(i,:) = y);
10      end

11      % 找出汉明距最小者
12      [temp,ii] = min(d);

13      % 输出系统位
14      uu = C(ii,1:4);
```

注意如果 k 很大,C 中将有 2^k 个码字。如果继续采用穷举式 ML 译码,所需要的存储量和仿真时间都将指数上升。

有了编码程序和译码程序后,测量译码错误率的主程序如下:

```
1       p = [0.001 0.002 0.005 0.01 0.02 0.05 0.1 0.2 0.5]; % 信道的误比特率
2       nb_berr = zeros(size(p)); % 比特错误计数器
3       nb_werr = zeros(size(p)); % 码字错误计数器
```

```
4       M = 1e5;% 码字个数

5    for i = 1:length(p)
6        for ii = 1:M
7            u = rand(1,4)<0.5;
8            c = enc74(u);% 编码
9            e = rand(1,7)<p(i);% BSC 信道的错误图样
10           y = rem(c + e,2);
11           uu = dec74(y);% 译码

12           if any(uu~ = u) % 错误计数
13               nb_berr(i) = nb_berr(i) + nnz(uu~ = u);
14               nb_werr(i) = nb_werr(i) + 1;
15            end
16        end
17        fprintf('\n %.2g',p(i))
18    end
19    figure(1)
20    Peb = nb_berr/M/4;% 比特错误率
21    Pew = nb_werr/M;% 码字错误率
22    loglog(p,[Peb;Pew],'*-')
23    legend('code word error rate','bit error rate')
```

1.7.3　实验

实验 18

对例 1.7.3 中的汉明码,假设错误图样 e 的前 3 个比特以独立等概方式取值于{0,1},后 4 个比特恒为“0”。请设计此情形下的译码器,并仿真实现。

实验 19

某个线性分组码的生成矩阵是

$$G = \begin{pmatrix} 1 & 1 & 1 & 0 & 1 & 0 & 0 \\ 0 & 1 & 1 & 1 & 0 & 1 & 0 \\ 0 & 0 & 1 & 1 & 1 & 0 & 1 \end{pmatrix} \qquad (1.7.7)$$

通过仿真将其化为系统码形式,并得到典型形式的校验矩阵对例,然后仿真该码在 BSC 信道中的错误率特性。

实验 20

某个 CRC 系统的生成多项式是 147（八进制表示），信息有 24 位。设 BSC 信道的错误率为 p，接收端 CRC 漏检（发生错误而未必检出）概率是 P，请通过仿真画出函数曲线 $P(p)$。

1.7.4　思考题

1. 从理论上证明，若 $(7,4)$ 汉明码传输中错误图样中的错误数大于等于 2 个比特，则汉明码 ML 译码结果一定错，并请推导出理论的码字错误率曲线。

2. 给定某个线性分组码的监督矩阵 H，如何用仿真的方法确定该码的最小码距？

第 2 章　通信系统实验

2.1　引　言

通信系统实验包含如下三方面的内容:模拟调制、数字基带及频带调制系统。

根据所学的通信理论进行实验,将理论与实践相结合,不仅可增加感性认识,加深对模拟通信和数字通信基本概念的理解,而且能够很好地锻炼独立思考和科学实验的能力。

本章的各项实验在 TIMS 实验平台上进行。TIMS 是澳大利亚依摩纳公司设计的教学实验系统,共有三十多个模块(详见本书附录),这些模块按照通信原理教学中的原理框图进行功能设计,多数用于完成某种信号处理功能,如乘法器、加法器、低通滤波器、放大器、压控振荡器等;另有一些则用于产生信号,如正弦波、方波、随机序列等。上述模块又可分为固定式及插入式两种。经常使用的模块固定于系统机架内,插入式模块则是根据实验需要而插入于机架的任一插槽内。系统机架对于所插入的各模块仅提供直流电源。各模块的输入输出端均安置在模块的前面板上,各模块之间的信号连接在前面板之间用连接线连接。

有两种型号的 TIMS 实验系统。图 2.1.1 是 TIMS-301F 实验系统,有 7 个固定模块。图 2.1.2 是 TIMS-3891F 实验系统,有 6 个固定模块。

图 2.1.1　TIMS-301F 实验系统

图 2.1.2　TIMS-3891F 实验系统

TIMS 实验系统具有以下规定。

（1）每个模块的左边是输入，右边是输出。

（2）每个模块的输入端的输入阻抗大于 10 kΩ，输出端的输出阻抗小于 150 Ω。

（3）所有输入和输出均以颜色表示信号状态，黄色代表模拟信号，红色代表数字信号。

（4）模拟信号的峰-峰值是 4 V（±2 V）。

（5）数字信号是 TTL 电平（0 V 至 5 V）。

（6）基带信号频率低于 10 kHz。

（7）频带信号频率为 100 kHz。

（8）系统噪声低于 40 dB。

（9）系统机架上所有模块的"地"是公共的，可变直流电源模块前面板上的绿色插座是"地"。

（10）系统机架上每个模块的直流电源电压是＋15 V（2.2A）及－15 V（2.2A）。

要求学生在实验前仔细阅读实验指导书及附录中有关 TIMS 系统各模块的性能介绍。

2.2　实验一：双边带抑制载波调幅（DSB-SC AM）

2.2.1　实验目的

（1）了解 DSB-SC AM 信号的产生及相干解调的原理和实现方法。

（2）了解 DSB-SC AM 的信号波形及振幅频谱特点，并掌握其测量方法。

（3）了解在发送 DSB-SC AM 信号加导频分量的条件下，收端用锁相环提取载波的原理及其实现方法。

（4）掌握锁相环的同步带和捕捉带的测量方法，掌握锁相环提取载波的调试方法。

2.2.2   DSB-SC AM 信号的产生及相干解调原理

图 2.2.1 表示 DSB-SC AM 信号的产生及相干解调原理框图。

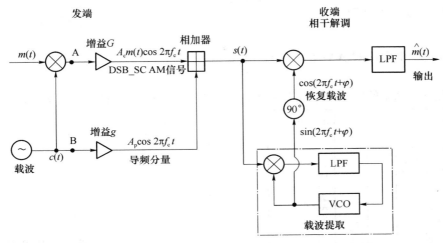

图 2.2.1   DSB_SC AM 信号的产生及相干解调原理框图

将均值为零的模拟基带信号 $m(t)$ 与正弦载波 $c(t)$ 相乘得到 DSB-SC AM 信号,其频谱不包含离散的载波分量。

DSB-SC AM 信号的解调只能采用相干解调。为了能在接收端获取载波,一种方法是在发送端加导频,如图 2.2.1 所示。收端可用锁相环来提取导频信号作为恢复载波。此锁相环必须是窄带锁相,仅用来跟踪导频信号。

在锁相环锁定时,VCO 输出信号 $\sin(2\pi f_c t + \varphi)$ 与输入的导频信号 $\cos 2\pi f_c t$ 的频率相同,但二者的相位差为 $(\varphi + 90°)$,其中 φ 很小。锁相环中乘法器(相当于鉴相器)的两个输入信号分别为发来的信号 $s(t)$(已调信号加导频)与锁相环中 VCO 的输出信号,二者相乘得到

$$[A_c m(t)\cos 2\pi f_c t + A_p \cos 2\pi f_c t] \cdot \sin(2\pi f_c t + \varphi)$$

$$= \frac{A_c}{2}m(t)[\sin \varphi + \sin(4\pi f_c t + \varphi)] + \frac{A_p}{2}[\sin \varphi + \sin(4\pi f_c t + \varphi)] \qquad (2.2.1)$$

锁相环中的 LPF 带宽窄,能通过 $\dfrac{A_p}{2}\sin \varphi$ 分量,滤除 $m(t)$ 的频率分量及四倍频载频分量。

因为 φ 很小,所以 $\sin \varphi \approx \varphi$。LPF 的输出 $\dfrac{A_p}{2}\varphi$ 以负反馈的方式控制 VCO,使其保持在锁定状态。锁定后的 VCO 输出信号 $\sin(2\pi f_c t + \varphi)$ 经 90°移相后,以 $\cos(2\pi f_c t + \varphi)$ 作为相干解调的恢复载波,它与输入的导频信号 $\cos 2\pi f_c t$ 同频,几乎同相。

相干解调是将发来的信号 $s(t)$ 与恢复载波相乘,再经过低通滤波后输出模拟基带信号

$$[A_c m(t)\cos 2\pi f_c t + A_p \cos 2\pi f_c t] \cdot \cos(2\pi f_c t + \varphi)$$

$$= \frac{A_c}{2}m(t)\big[\cos\varphi + \cos(4\pi f_c t + \varphi)\big] + \frac{A_p}{2}\big[\cos\varphi + \cos(4\pi f_c t + \varphi)\big] \quad (2.2.2)$$

经过低通滤波可以滤除四倍载频分量。而 $\frac{A_p}{2}\cos\varphi$ 是直流分量,可通过隔直流电路滤除,

于是输出为 $\frac{A_c}{2}m(t)\cos\varphi$。

2.2.3 DSB-SC AM 信号的产生

根据图 2.2.1 的原理图得到产生 DSB-SC AM 信号的实验连接框图如图 2.2.2 所示。

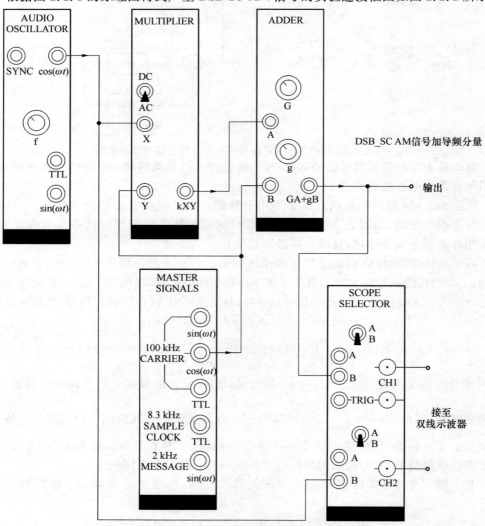

图 2.2.2 DSB-SC AM 信号加导频的实验连接图

1．实验步骤

（1）按照图 2.2.2 所示,将音频振荡器输出的模拟音频信号及主振荡器输出的 100 kHz 模拟载频信号分别用连接线连至乘法器的两个输入端。

（2）用示波器观看音频振荡器输出信号的信号波形的幅度及振荡频率,调整音频信号的输出频率为 10 kHz,作为均值为 0 的调制信号 $m(t)$。

（3）用示波器观看主振荡器输出信号波形的幅度及振荡频率。

（4）用示波器观看乘法器的输出波形,并注意已调信号波形的相位翻转与调制信号波形的关系。

（5）测量已调信号的振幅频谱,注意其振幅频谱的特点。

（6）按照图 2.2.2,将 DSB-SC AM 信号及导频分别连到加法器的输入端,观看加法器的输出波形及振幅频谱,分别调整加法器中的增益 G 和 g,具体调整方法如下。

（a）首先调整增益 G:将加法器的 B 输入端接地,A 输入端接已调信号,用示波器观看加法器 A 输入端的信号幅度与加法器输出信号的幅度。调节旋钮 G,使得加法器输出幅度与输入一致,说明此时 $G=1$。

（b）再调整增益 g:加法器 A 输入端仍接已调信号,B 输入端接导频信号。用频谱仪观看加法器输出信号的振幅频谱,调节增益 g 旋钮,使导频信号振幅频谱的幅度为已调信号的边带频谱幅度的 0.8 倍。此导频信号功率约为已调信号功率的 0.32 倍。

2．思考题

（1）整理实验记录波形,说明 DSB-SC AM 信号波形的特点。

（2）整理实验记录振幅频谱,画出已调信号加导频的振幅频谱图(标上频率值)。根据此振幅频谱,计算导频信号功率与已调信号功率之比。

2.2.4　DSB-SC AM 信号的相干解调及载波提取

发端发送的信号是 DSB-SC AM 信号及导频之和,收端利用锁相环从导频信号中提取载波,然后进行相干解调,实验连接如图 2.2.3 所示。

在本实验中,首先进行锁相环的调试,然后进行载波提取、恢复载波实验,最后进行相干解调实验。以下介绍实验步骤。

1．锁相环的调试

（1）单独测量 VCO 的性能

VCO 模块及其电路框图如图 2.2.4 所示。实验中注意要将 VCO 模块印刷电路板上的开关拨到 VCO 模式。

将 VCO 模块前面板上的频率选择开关拨到 HI 载波频段的位置,VCO 的 V_{in} 输入端暂不接信号(此时 V_{in} 被模块内部接地)。用示波器观看 VCO 的输出波形及工作频率 f_0，然后旋转 VCO 模块前面板上的 f_0 旋钮，改变 VCO 中心频率 f_0，其频率范围约为70～130 kHz。

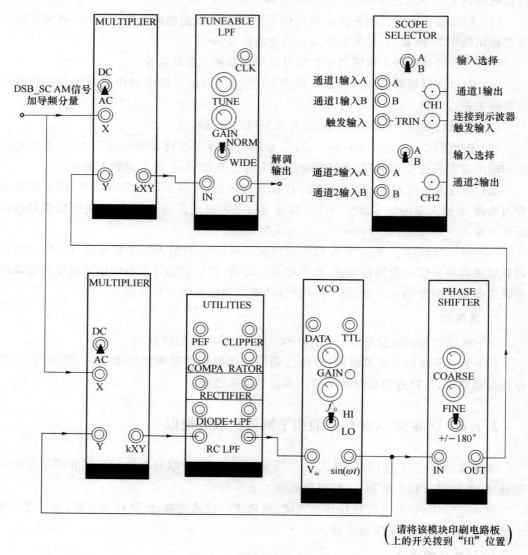

图 2.2.3　DSB-SC AM 信号的相干解调及载波提取实验连接图

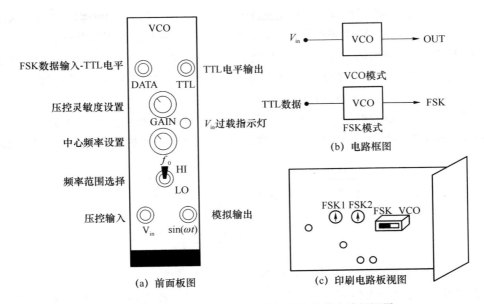

图 2.2.4　VCO 的前面板图、电路框图和印刷电路板视图

　　然后将可变直流电压模块的 DC 输出端与 VCO 模块的 V_{in} 端相连接,双踪示波器分别接于 VCO 输出端及 DC 输出端,如图 2.2.5 所示。

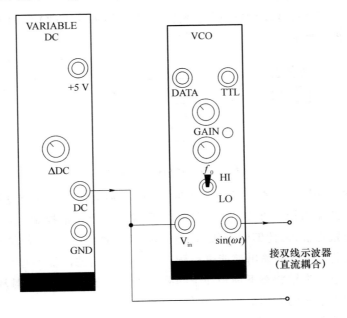

图 2.2.5　测量 VCO 的压控灵敏度

- 当直流电压为零时,调节 VCO 模块的 f_0 旋钮,使 VCO 的中心频率为 100 kHz。
- 从 -2 V 至 $+2$ V 改变直流电压,观察 VCO 的频率及线性工作范围。
- 调节 VCO 模块的 GAIN 旋钮,使得在可变直流电压为 ± 1 V 时的 VCO 频率偏移为 ± 10 kHz。值得注意的是,不同 GAIN 值对应不同的 VCO 压控灵敏度。

（2）单独测量锁相环中的相乘、低通滤波器的工作是否正常

按图 2.2.6 所示的电路图进行实验,即图 2.2.3 中的锁相环处于开环状态。锁相环中的 LPF 输出端不要接至 VCO 的输入端。此时,图 2.2.6 中的乘法器相当于混频器。

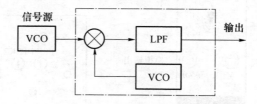

图 2.2.6　锁相环处于开环状态

在实验中,将另一 VCO 作为信号源输入于乘法器。改变信源 VCO 的中心频率,用示波器观看锁相环中的相乘、低通滤波的输出信号,它应是输入信号与 VCO 输出信号的差拍信号（差频信号）。

（3）测量锁相环的同步带及捕捉带

按图 2.2.3 将载频提取的锁相环闭环连接,仍使用另一 VCO 作为输入于锁相环的信号源,如图 2.2.7 所示。

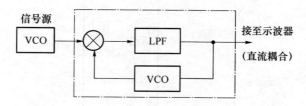

图 2.2.7　锁相环闭环连接

锁相环的输出和输入存在频差或相差时,这种差别会体现在环路滤波器的输出上。如果环路滤波器的输出接近直流,它将对 VCO 形成一个负反馈控制,使锁相环输出信号的频率和相位能跟踪输入,此即同步状态（锁定状态）。锁定状态下,若输入信号的频率或相位发生轻微变化,VCO 的输出都能进行跟踪。如果环路滤波器的输出是交变的,则锁相环处于失锁状态。失锁状态下锁相环中的乘法器相当于混频器,此时环路滤波器输出的是乘法器两输入信号的差拍信号（差频信号）。

设锁相环当前处于锁定状态,向上或向下改变锁相环的输入信号频率,使之远离 VCO 的中心频率,则当输入信号频率超过某边界值后,VCO 将不再能跟踪输入的变化,

环路失锁。向上和向下改变输入信号频率对应有两个边界频率,称这两个边界频率的差值为同步带。

若锁相环当前处于失锁状态,向上或向下改变锁相环的输入信号频率,使之接近 VCO 的中心频率,则当输入信号频率进入某边界值后,VCO 将能跟踪输入的变化,环路锁定。向上和向下有两个边界,称这两个边界频率的差值为捕捉带。

下面测量锁相环的同步带及捕捉带。

按图 2.2.7 进行连接,用示波器(置于直流耦合)观看锁相环中 LPF 输出端的信号波形。

首先将信号源 VCO 的中心频率调到比 100 kHz 小很多的频率,使锁相环处于失锁状态(示波器输出为交变波形)。调节信号源 VCO,使其频率由低往高缓慢变化。当示波器呈现的信号波形由交流信号变为直流信号时,说明锁相环由失锁状态进入了锁定状态,记录输入信号的频率 f_2,如图 2.2.8 所示。该图表示锁相环锁定时,环路控制电压 V_{in}(VCO 的输入电压)与输入信号频率的关系。在锁定状态下,环路控制电压 V_{in} 是直流。

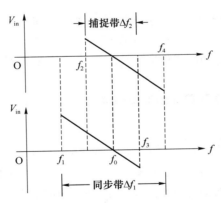

图 2.2.8　锁相环的同步带和捕捉带示意图

继续将信源的频率往高调节,环路电压 V_{in} 跟着变化,直到从示波器见到的信号波形由直流突变为交流信号,说明锁相环失锁,记录此时的输入信号频率 f_4。

再从 f_4 开始,将输入信号频率从高往低调,记录再次捕捉到同步时的频率 f_3。继续向低调节频率,直到再次失锁,记录频率 f_1。

上述过程可反复进行几次。

由锁相环锁定时的环路电压 V_{in} 与输入信号频率的关系可画出图 2.2.8。根据测量得到的 f_1、f_2、f_3 及 f_4 值可算出锁相环的同步带及捕捉带为

$$同步带 \qquad \Delta f_1 = f_4 - f_1 \tag{2.2.3}$$

$$捕捉带 \qquad \Delta f_2 = f_3 - f_2 \tag{2.2.4}$$

在上述基础上,当 VCO 的压控灵敏度为 10 kHz/V 时,此锁相环的同步带约为 12 kHz,对应的 V_{in} 输入的直流电压约为 ± 0.6 V(仅供参考)。

最后,将主振荡器模块的 100 kHz 余弦信号输入于锁相环,适当调节锁相环 VCO 模块中的 f_0 旋钮,使锁相环锁定于 100 kHz,此时 LPF 输出的直流电平约为零电平。

2. 恢复载波

(1)将图 2.2.3 中的锁相环按上述过程调好,再按照图 2.2.2 的实验连接图,将加法器的输出信号接至图 2.2.3 中锁相环的输入端。请将移相器模块印刷电路板上的频率选择开关拨到 HI 位置。

(2)用示波器观察锁相环中的 LPF 输出信号是否是直流信号,以此判断载波提取 PLL 是否处于锁定状态。若锁相环锁定,用双踪示波器可以观察发端导频信号 $\cos 2\pi f_c t$ 与锁相环 VCO 输出的信号 $\sin(2\pi f_c t + \varphi)$ 是同步的,二者的相位差为 $90° + \varphi$,且 φ 很小。若锁相环失锁,则锁相环 LPF 输出波形是交流信号,可缓慢调节锁相环 VCO 模块的 f_0 旋钮,直至锁相环 LPF 输出为直流,即锁相环由失锁进入锁定。继续调节 f_0 旋钮,使 LPF 输出的直流电压约为 0 电平。

(3)在确定锁相环提取载波成功后,利用双踪示波器分别观察发端的导频信号及收端载波提取锁相环中 VCO 的输出经移相器后的信号波形。调节移相器模块中的移相旋钮,达到移相 90°,使输入于相干解调的恢复载波与发来的导频信号不仅同频,也基本同相。

(4)请用频谱仪观测恢复载波的振幅频谱,并加以分析。

3. 相干解调

(1)在上述实验的基础上,按照图 2.2.3 所示,将相干解调的相乘、低通滤波模块连接上(将"TUNEABLE LPF"模块前面板上的频率范围选择开关拨到 WIDE 位置),并将发送来的信号与恢复载波分别连至相干解调的乘法器的两个输入端。

(2)用示波器观察相干解调相乘、低通滤波后的输出波形。

(3)改变发端音频振荡器的频率,解调输出信号也随之改变。

需指出,由于本实验系统所提供的锁相环中的 RC LPF 的 3 dB 带宽为 2.8 kHz,所以此 DSB-SC AM 实验的调制信号频率选为 10 kHz。

4. 思考题

(1)实验中载波提取锁相的 LPF 是否可用 TIMS 系统中的"TUNEABLE LPF"? 请说明理由。

(2)若本实验中的音频信号为 1 kHz,请问实验系统所提供的 PLL 能否用来提取载波? 为什么?

(3)若发端不加导频,收端提取载波还有其他方法吗? 请画出框图。

2.3　实验二：具有离散大载波的双边带调幅(AM)

2.3.1　实验目的

（1）了解 AM 信号的产生原理及实现方法。
（2）了解 AM 的信号波形及振幅频谱的特点，并掌握调幅系数的测量方法。
（3）了解 AM 信号的非相干解调原理和实现方法。

2.3.2　AM 信号的产生及解调原理

1. AM 信号的产生

若调制信号为单音频信号

$$m(t) = A_m \sin(2\pi f_m t) \tag{2.3.1}$$

则单音频调幅的 AM 信号表达式为

$$\begin{aligned} s_{AM}(t) &= A_c(A + A_m \sin 2\pi f_m t)\sin 2\pi f_c t \\ &= A_c A(1 + a\sin 2\pi f_m t)\sin 2\pi f_c t \end{aligned} \tag{2.3.2}$$

调幅系数 $a = \dfrac{A_m}{A}$。

　　AM 信号的包络与调制信号 $m(t)$ 成正比，为避免产生过调制（过调会引起包络失真），要求 $a \leqslant 1$。

　　AM 信号的振幅频谱具有离散的大载波，这是与 DSB-SC AM 信号的振幅频谱的不同之处。图 2.3.1 表示单音频调幅 AM 信号的信号波形及振幅频谱。

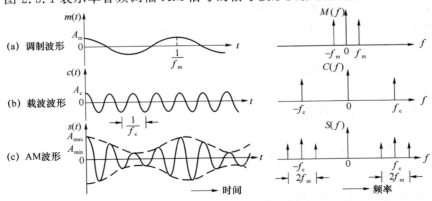

图 2.3.1　单音频调幅 AM 信号的时域及频域特性

若用 A_{max} 及 A_{min} 分别表示单音频调幅 AM 信号波形包络的最大值及最小值,则此 AM 信号的调幅系数为

$$a = \frac{A_{max} - A_{min}}{A_{max} + A_{min}} \qquad (2.3.3)$$

产生 AM 信号的方法有两种,分别如图 2.3.2 及图 2.3.3 所示。

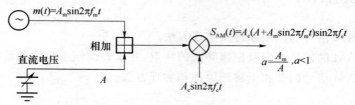

图 2.3.2　产生 AM 信号的方法之一

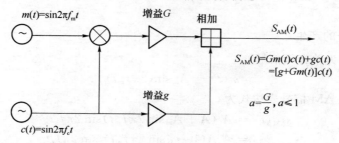

图 2.3.3　产生 AM 信号的方法之二

第二种方法与实验一 DSB-SC AM 信号加导频的产生方法类似,只是 AM 信号的离散载波要足够大,以避免产生过调制。

本实验采用图 2.3.2 所示的方法产生 AM 信号。

2. AM 信号的解调

由于 AM 信号的振幅频谱具有离散大载波,所以收端可以从 AM 信号中提取载波进行相干解调,其实现类似于 DSB-SC AM 信号加导频的载波提取及相干解调的方法。

AM 的主要优点是可以用包络检波器进行非相干解调。

本实验采用包络检波方案。

2.3.3　AM 信号的产生

图 2.3.4 为产生 AM 信号的实验连接图。

1. 实验步骤

(1) 按图 2.3.4 进行各模块之间的连接。

(2) 音频振荡器输出为 5 kHz,主振荡器输出为 100 kHz,乘法器输入耦合开关置于

DC 状态。

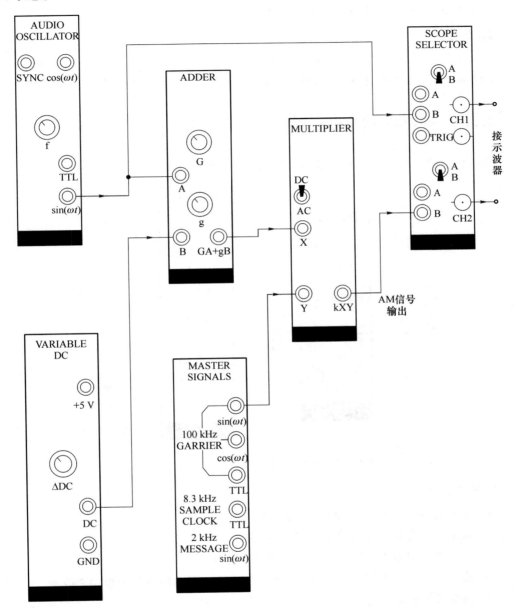

图 2.3.4　产生 AM 信号的实验连接图

（3）分别调整加法器的增益 G 及 g 均为 1。

（4）逐步增大可变直流电压,使得加法器输出波形是正的。

（5）观察乘法器输出波形是否为 AM 波形。

（6）测量 AM 信号的调幅系数 a 值，调整可变直流电压，使 $a=0.8$。

（7）测量 $a=0.8$ 的 AM 信号振幅频谱。

2. 思考题

（1）在什么情况下，会产生 AM 信号的过调现象？

（2）对于 $a=0.8$ 的 AM 信号，请计算载频功率与边带功率之比值。

2.3.4 AM 信号的非相干解调

利用包络检波器进行非相干解调如图 2.3.5 所示。

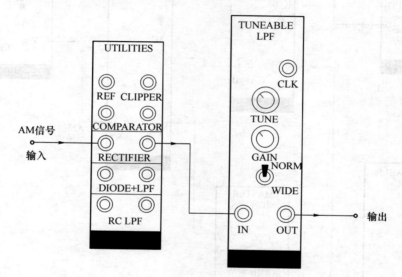

图 2.3.5 AM 信号的非相干解调实验连接图

1. 实验步骤

（1）输入的 AM 信号的调幅系数 $a=0.8$。

（2）用示波器观察整流器（RECTIFIER）的输出波形。

（3）用示波器观察低通滤波器（LPF）的输出波形。

（4）改变输入 AM 信号的调幅系数，观察包络检波器输出波形是否随之改变。

（5）改变发端调制信号的频率，观察包络检波输出波形的变化。

2. 思考题

（1）是否可用包络检波器对 DSB-SC AM 信号进行解调？请解释原因。

2.4　实验三：调频（FM）

2.4.1　实验目的

（1）了解用 VCO 作调频器的原理及实验方法。

（2）测量 FM 信号的波形及振幅频谱。

（3）了解利用锁相环作 FM 解调的原理及实现方法。

2.4.2　FM 信号的产生及锁相环解调原理

若调制信号是单音频信号

$$m(t) = a\cos 2\pi f_{\mathrm{m}} t \tag{2.4.1}$$

则 FM 信号的表示式为

$$s_{\mathrm{FM}}(t) = A_{\mathrm{c}}\cos[2\pi f_c t + \varphi(t)] \tag{2.4.2}$$

其中

$$\varphi(t) = 2\pi K_{\mathrm{f}}\int_{-\infty}^{t} m(\tau)\,\mathrm{d}\tau = \frac{aK_{\mathrm{f}}}{f_{\mathrm{m}}}\sin 2\pi f_{\mathrm{m}} t = \beta\sin 2\pi f_{\mathrm{m}} t$$

其中 K_{f} 为频率偏移常数（Hz/V）, $\beta = \dfrac{aK_{\mathrm{f}}}{f_{\mathrm{m}}}$ 是调制指数。

由卡松公式可求出单音频 FM 信号的带宽为

$$B \approx 2(\beta + 1)f_{\mathrm{m}} \tag{2.4.3}$$

产生 FM 信号的方法之一是利用 VCO，如图 2.4.1 所示。

图 2.4.1　利用 VCO 产生 FM 信号

$m(t)$ 输入于 VCO，当输入电压为 0 时，VCO 输出频率为 f_{c}。当输入模拟基带信号的电压变化时，VCO 的振荡频率作相应变化。

FM 信号的解调方案之一是利用锁相环进行 FM 解调。

锁相环解调的原理框图如图 2.4.2 所示。

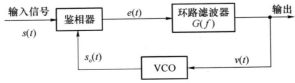

图 2.4.2　利用锁相环做调频解调器

锁相环锁定时，VCO 输出的 FM 信号与接收到的输入 FM 信号之间是同频关系，相位也几乎相同。锁相环解调的原理如下所述。

假设锁相环输入是 FM 信号 $s(t)$，则

$$s_{\text{FM}}(t) = A_c \cos[2\pi f_c t + \varphi(t)]$$

$$\varphi(t) = 2\pi K_f \int_{-\infty}^{t} m(\tau)\mathrm{d}\tau$$

对于 VCO 来说，它的控制电压是环路滤波器的输出 $v(t)$。VCO 的瞬时频率为

$$f_v(t) = f_c + K_v v(t) \tag{2.4.4}$$

其中 K_v 是 VCO 的压控灵敏度（Hz/V），VCO 的输出可表示为

$$s_o(t) = A_o \sin[2\pi f_c t + \varphi_o(t)] \tag{2.4.5}$$

其中

$$\varphi_o(t) = 2\pi K_v \int_{-\infty}^{t} v(\tau)\mathrm{d}\tau$$

锁相环中的乘法器和低通滤波器组成了相位比较器，该低通滤波器用来滤除二倍载频分量。鉴相器输出为

$$e(t) = \frac{1}{2} A_c A_o \sin[\varphi(t) - \varphi_o(t)]$$

其中的 $[\varphi(t) - \varphi_o(t)] = \varphi_e(t)$ 为相位差。锁相环处于锁定状态时，相位差很小，使得

$$\sin[\varphi(t) - \varphi_o(t)] \approx \varphi(t) - \varphi_o(t) = \varphi_e(t)$$

此时，可将锁相环等效地表示为图 2.4.3 所示的线性模型。图中 $g(t)$ 是环路滤波器的冲激响应，其傅里叶变换为 $G(f)$。

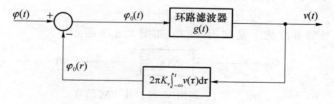

图 2.4.3 锁相环的线性化模型

根据这一模型，相位差可表示为

$$\varphi_e(t) = \varphi(t) - 2\pi K_v \int_{-\infty}^{t} v(\tau)\mathrm{d}\tau$$

等效于

$$\frac{\mathrm{d}\varphi_e(t)}{\mathrm{d}t} + 2\pi K_v v(t) = \frac{\mathrm{d}}{\mathrm{d}t}\varphi(t)$$

或

$$\frac{\mathrm{d}\varphi_{\mathrm{e}}(t)}{\mathrm{d}t} + 2\pi K_{\mathrm{v}} \int_{-\infty}^{\infty} \varphi_{\mathrm{e}}(\tau) g(t-\tau) \mathrm{d}\tau = \frac{\mathrm{d}}{\mathrm{d}t}\varphi(t)$$

对上式进行傅里叶变换,得到

$$(\mathrm{j}2\pi f)\varPhi_{\mathrm{e}}(f) + 2\pi K_{\mathrm{v}}\varPhi_{\mathrm{e}}(f) \cdot G(f) = (\mathrm{j}2\pi f)\varPhi(f)$$

其中的 $\varPhi_{\mathrm{e}}(f)$、$\varPhi(f)$ 分别是 $\varphi_{\mathrm{e}}(t)$ 和 $\varphi(t)$ 的傅里叶变换。整理上式得:

$$\varPhi_{\mathrm{e}}(f) = \frac{1}{1 + \left(\dfrac{K_{\mathrm{v}}}{\mathrm{j}f}\right)G(f)}\varPhi(f)$$

合理设计 K_{v} 及 $G(f)$,使它满足以下条件:

$$\left| K_{\mathrm{v}}\frac{G(f)}{\mathrm{j}f} \right| \gg 1 \qquad |f| < W \tag{2.4.6}$$

其中 W 为基带信号的带宽。于是可得到

$$V(f) = \varPhi_{\mathrm{e}}(f) \cdot G(f) = \frac{\mathrm{j}2\pi f}{2\pi K_{\mathrm{v}}}\varPhi(f) \tag{2.4.7}$$

等效于

$$v(t) = \frac{1}{2\pi K_{\mathrm{v}}}\frac{\mathrm{d}}{\mathrm{d}t}\varphi(t) = \frac{K_{\mathrm{f}}}{K_{\mathrm{v}}}m(t) \tag{2.4.8}$$

　　这个结果表明,VCO 的控制电压 $v(t)$ 同基带信号 $m(t)$ 成正比,所以 $v(t)$ 就是 FM 解调的输出信号。

　　锁相环环路滤波器的频率响应 $G(f)$ 的带宽应与基带信号的带宽相同,这样环路滤波器输出的噪声将被限带于 W。VCO 的输出是宽带调频信号,它的瞬时频率跟随接收调频信号的瞬时频率而变。

　　由上面的分析可以看出,锁相环作 FM 解调时有两个关键点:一是开环增益(即锁相环开环的增益)要足够大,二是环路滤波器的带宽要与基带信号的带宽相同。

2.4.3　FM 信号的产生

图 2.4.4 是产生 FM 信号的实验连接图。

1. 实验步骤

(1) 单独调测 VCO

(a) 将 VCO 模块的印刷电路板上的拨动开关置于 VCO 模式。将 VCO 模块前面板上的频率选择开关置于"HI"状态。然后,将 VCO 模块插入系统机架的插槽内。

(b) 将可变直流电压模块的输出端与 VCO 模块的 V_{in} 端相连接,示波器接于 VCO 输出端,如图 2.4.5 所示。

- 当直流电压为零时,调节 VCO 模块的 f_0 旋钮,使 VCO 的中心频率为 $100\,\mathrm{kHz}$。
- 在 $-2\,\mathrm{V}$ 至 $+2\,\mathrm{V}$ 范围内改变直流电压,测量 VCO 的频率及线性工作范围。

- 调节 VCO 模块的 GAIN 旋钮,使得直流电压在 ±2 V 范围内变化时,VCO 的频率在 ±5 kHz 内变化。

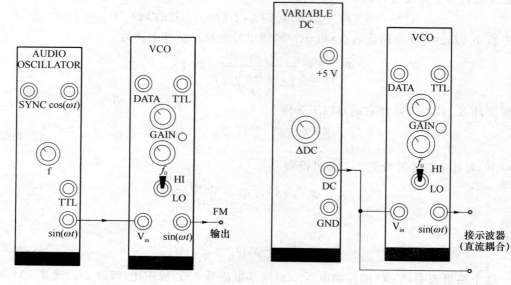

图 2.4.4　产生 FM 信号的实验连接图　　　图 2.4.5　测量 VCO 的压控灵敏度

(2) 将音频振荡器的频率调到 2 kHz,作为调制信号输入于 VCO 的 V_{in} 输入端。

(3) 测量图 2.4.4 中的各点信号波形。

(4) 测量 FM 信号的振幅频谱。

2. 思考题

(1) 本实验的 FM 信号调制指数 β 是多少? FM 信号的带宽是多少?

(2) 用 VCO 产生 FM 信号的优点是可以产生大频偏的 FM 信号,缺点是 VCO 中心频率稳定度差。为了解决 FM 大频偏及中心频率稳定度之间的矛盾,可采用什么方案来产生 FM 信号?

2.4.4　FM 信号的锁相环解调

锁相环解调的实验连接如图 2.4.6 所示。

1. 实验步骤

(1) 单独调测 VCO

(a) 将 VCO 模块置于"VCO"模式,前面板选择开关置于"HI"状态。

(b) 将可变直流电压模块的输出端与 VCO 模块的 V_{in} 端相连接。当直流电压为零时,调节 VCO 的 f_0 旋钮,使 VCO 的中心频率为 100 kHz。当可变直流电压为 ±1 V 时,调节 VCO 的 GAIN 旋钮,使 VCO 的频率偏移为 ±10 kHz。

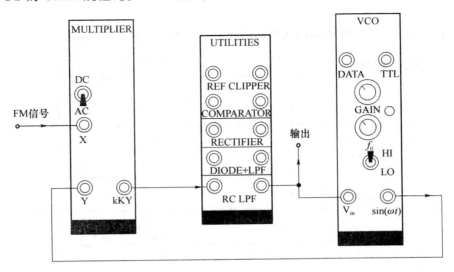

图 2.4.6　FM 信号的锁相环解调

（2）将锁相环闭环连接,将另一个 VCO 作信源,接入于锁相环,测试锁相环的同步带及捕捉带。

（3）将已调测好的 FM 信号输入于锁相环,用示波器观察解调信号。若锁相环已锁定,则在锁相环低通滤波器的输出信号应是直流分量叠加模拟基带信号。

（4）改变发端的调制信号频率,观察 FM 解调的输出波形变化。

2. 思考题

（1）对于本实验具体所用的锁相环及相关模块,若发端调制信号频率为 10 kHz,请问实验三中的锁相环能否解调出原调制信号？为什么？

（2）用于调频解调的锁相环与用于载波提取的锁相环有何不同之处？

2.5　实验四:线路码的编码与解码

2.5.1　实验目的

（1）了解各种常用线路码的信号波形及其功率谱。

（2）了解线路码的解码。

2.5.2　各线路码的信号波形

图 2.5.1 示出了一些典型的线路码的波形。下面对其做简要介绍。

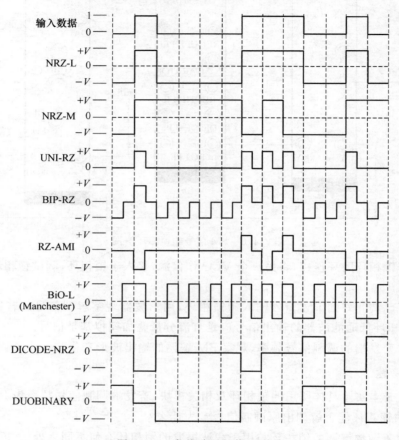

图 2.5.1　各线路码的信号波形

（1）NRZ-L 是双极性不归零码，英文全称是 Non-return-to-zero Level。一般所称的 NRZ 就是 NRZ-L。

（2）NRZ-M 是基于传号（Mark）的差分 NRZ 码。信号电平在遇到传号（即数据"1"）时改变，遇到空号（数据"0"）时不变。如果是空号改变，传号不变，则称为 NRZ-S，S 代表空号（Space）。

（3）UNI-RZ 是单极性归零码（Unipolar Return-to-Zero）。

（4）BIP-RZ 是双极性归零码（BipolarReturn-to-Zero）。

（5）RZ-AMI 是归零的传号交替反转码（Return-To-Zero Alternate-Mark-Inversion ）。

（6）BiO-L 是分相码（Biphase Level），O 实际是相位符号 ϕ。该码也称为 Manchester 码。

（7）DICODE-NRZ 是不归零双码。每次输入数据的边沿跳变会输出一个脉冲，其极性与前一脉冲相反。如果输入没有边沿跳变，则输出 0 电平。

（8）DUOBINARY 是双二进制码，即二进制的第一类部分响应的相关编码。

2.5.3　实验

实验连接如图 2.5.2 所示。

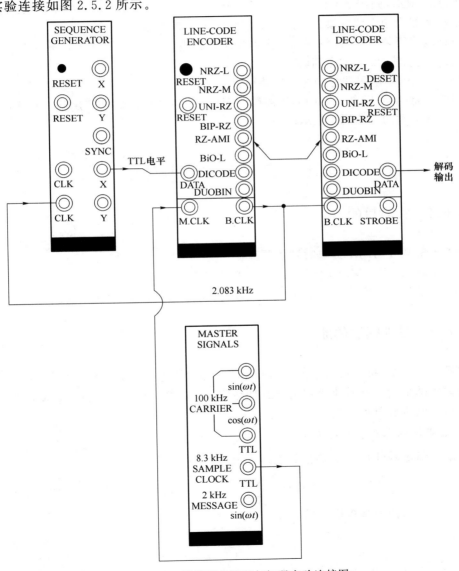

图 2.5.2　线路码的编码与解码实验连接图

1. 实验步骤

(1) 按图 2.5.2 连接各模块。

(2) 主振荡器 8.33 kHz 信号(TTL 电平)输出至线路编码器的 M. CLK 端,其内部电路四分频,由 B. CLK 端输出频率为 2.083 kHz、TTL 电平的时钟信号。

(3) 用序列码发生器产生一伪随机序列数字信号输入于线路编码器,分别产生:双极性不归零码(NRZ-L),双极性不归零相对码(NRZ-M),单极性归零码(UNI-RZ),双极性归零码(BIP-RZ),归零 AMI 码(RZ-AMI),分相码(Manchester)等各种码型的线路码。

用示波器及频谱仪观察各线路码的信号波形及其功率谱。

观察线路码频谱时,请将序列发生器模块印刷电路板上的双列直插开关置于"11"编码位置,产生长为 2048 的序列码。

(4) 用线路码解码器分别对各线路码进行解码。

需要注意的是,图 2.5.2 中的线路码解码时,时钟是从发端"借"用的。在实际中,解码器需要从收到的线路码中提取时钟。

2.6 实验五:时钟恢复

2.6.1 实验目的

(1) 了解从线路码中提取时钟的原理。

(2) 了解从 RZ-AMI 码中提取时钟的实现方法。

(3) 请学生自主完成从 BIP-RZ 或 UNI-RZ 码恢复时钟的实验。

2.6.2 时钟提取的原理

在数字通信中,接收端为了能从接收信号中恢复出原始的数据信号,必须要有一个与收到的数字基带信号符号速率相同步的时钟信号。通常,从接收信号中提取时钟这一过程称为符号同步或时钟恢复。

1. 双极性归零码的时钟恢复

双极性归零码(BIP-RZ)的信号表达式为

$$s(t) = \sum_{n=-\infty}^{\infty} a_n g(t - nT_b) \tag{2.6.1}$$

其中 $a_n \in \{\pm 1\}$,$g(t)$ 是矩形归零脉冲

$$g(t) = \begin{cases} A & 0 < t < \tau \\ 0 & \text{其他 } t \end{cases} \tag{2.6.2}$$

其中的 $\tau < T_b$,称 τ/T_b 为占空比。占空比通常是 50%(半占空)。假设数据独立等概,则

该码的功率谱密度无离散的时钟分量,仅含连续谱,如图 2.6.1 所示。

双极性归零码的时钟恢复非常简单,只需对 $s(t)$ 取绝对值即可

$$|s(t)| = \sum_{n=-\infty}^{\infty} g(t-nT_b) \tag{2.6.3}$$

上式右边就是时钟信号。取绝对值的操作就是全波整流。

全波整流也可以换成平方运算,因为对于 BIP-RZ,$|a_n g(t-nT_b)|$ 和 $[a_n g(t-nT_b)]^2$ 只是幅度有差别。对于占空比为 50% 的双极性不归零码(BIP-RZ),整流或平方后的波形可以看成是数据为全 1 的单极性归零码,即为时钟信号。

2. 单极性归零码的时钟恢复

单极性归零码(UNI-RZ)的信号表达式为

$$s(t) = \sum_{n=-\infty}^{\infty} a_n g(t-nT_b) \tag{2.6.4}$$

其中,$a_n \in \{0,1\}$,$g(t)$ 同式(2.6.2)。

对于独立等概数据,该码的功率谱密度为

$$P_s(f) = \frac{A^2 T_b}{16} \text{sinc}^2\left(\frac{f}{2R_b}\right) + A_0 \delta(f) + \sum_{k=\pm1,\pm3,\cdots} A_k \delta(f-kR_b) \tag{2.6.5}$$

如图 2.6.2 所示,其功率谱不仅含有离散直流分量及连续谱(主瓣宽度为 $2R_b$),而且还包含离散的时钟分量及其奇次谐波分量,所以可以利用窄带滤波器或者锁相环从单极性归零码中提出时钟分量。

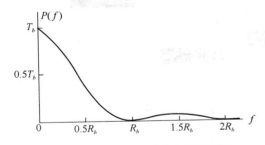

图 2.6.1　双极性归零码功率谱密度

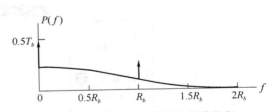

图 2.6.2　单极性归零码功率谱密度

窄带滤波器的输出 $v(t)$ 的功率谱是

$$P_v(f) = A_1[\delta(f-R_b) + \delta(f+R_b)] + \varepsilon(f) \tag{2.6.6}$$

其中,$\varepsilon(f)$ 是连续谱部分形成的干扰。如果滤波器足够窄,则可忽略。此时输出的时域信号是

$$v(t) = 2\sqrt{A_1} \cos(2\pi R_b t + \varphi) \tag{2.6.7}$$

其中,φ 是固定相移,可通过移相器校正,再通过整形电路可得到方波时钟。

3. 零均值限带 PAM 信号的时钟恢复

对于均值为零的限带 PAM 信号,提取时钟的方法很多[①]。很多情况下,对信号 $s(t)$

---

① 详见周炯槃等编著的《通信原理》第 3 版,5.9 节。

取绝对值或者取平方可以得到时钟的离散分量,这样就可以提取这个离散分量,再通过整形移相得到需要的时钟。

也可以通过超前滞后门同步器或者其他环路方式恢复时钟。

2.6.3 从 RZ-AMI 码恢复时钟

实验连接如图 2.6.3 所示。

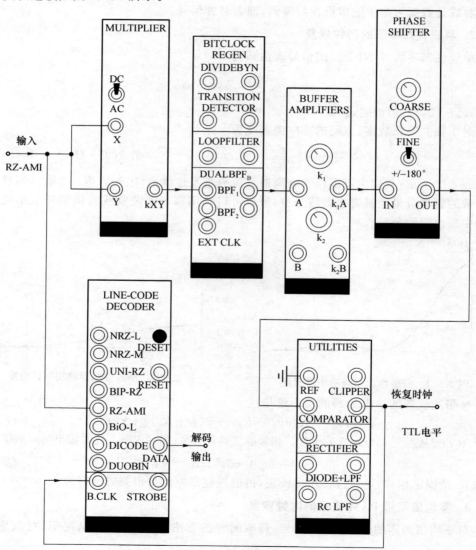

图 2.6.3 从 AMI 归零码中提取时钟的实验连接图

实验步骤如下。

（1）按图 2.6.3 连接各模块。将移相模块印刷电路板上的拨动开关拨到 LO 位置。

（2）用示波器观察实验连接图中的各点波形。

（3）调节缓冲放大器的 K 旋钮，使得放大器输出波形足够大，经移相器移相后，比较器输出 TTL 电平的恢复时钟。

（4）将恢复时钟与发送时钟分别送至双踪示波器，调节移相器的相移，使得恢复时钟与发送端时钟的相位一致。并请学生说明本实验从 RZ-AMI 码恢复时钟的原理。

（5）将恢复时钟送至线路解码器的时钟输入端，线路码的译码器输出原发送的伪随机序列。

2.6.4　从 BIP-RZ 码或者 UNI-RZ 码恢复时钟

1. 实验

请自主设计从收到的 BIP-RZ 码或者 UNI-RZ 码提取时钟的实验框图，完成时钟提取的实验任务，并由该码的线路解码器解出原伪随机序列。

2. 思考题

（1）如何从分相码（Manchester）中提取时钟？

（2）对于双极性不归零码，如果发送数据中"1"出现的概率为 90%，请问如何从这样的信号中提取时钟？

（3）从限带基带信号中提取时钟的原理是什么？

2.7　实验六：眼图

2.7.1　实验目的

了解数字基带传输系统中"眼图"的观察方法及其作用。

2.7.2　观察眼图的作用

对于实际的数字通信传输系统，可用实验手段以波形观察方式来评价传输系统的性能。用示波器显示基带传输系统接收滤波器的输出基带信号波形，在示波器显示屏上可观察到类似人眼的图案，称其为眼图。从眼图的张开程度，可以观察码间干扰和加性噪声对接收基带信号波形的影响，从而能对系统性能做出定性的判断。

2.7.3 眼图实验

实验连接图如图 2.7.1 所示。

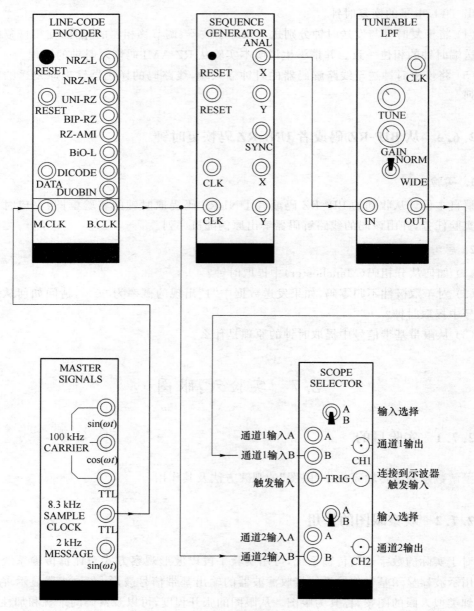

图 2.7.1　观察眼图的实验连接图

实验步骤如下。

（1）将可调低通滤波器模块前面板上的开关置于 NORM 位置。

（2）将主信号发生器的 8.33 kHz TTL 电平的方波输入于线路码编码器的 M. CLK 端，经四分频后，由 B. CLK 端输出 2.083 kHz 的时钟信号。

（3）将序列发生器模块的印刷电路板上的双列直插开关选择"10"，产生长为 256 的序列码。

（4）用双踪示波器同时观察可调低通滤波器的输出波形及 2.083 kHz 的时钟信号。并调节可调低通滤波器的 TUNE 旋钮及 GAIN 旋钮，以得到合适的限带基带信号波形，观察眼图。

2.8　实验七：采样、判决

2.8.1　实验目的

（1）了解采样、判决在数字通信系统中的作用及其实现方法。

（2）自主设计从限带基带信号中提取时钟、并对限带信号进行采样、判决、恢复数据的实验方案，完成实验任务。

2.8.2　采样、判决的原理

在数字通信系统中的接收端，设法从接收滤波器输出的基带信号中提取时钟，用以对接收滤波器输出的基带信号在眼图睁开最大处进行周期性的瞬时采样，然后将各采样值分别与最佳判决门限进行比较作出判决、输出数据。

2.8.3　实验

实验连接如图 2.8.1 所示。

本实验是在 2.7 节眼图实验的基础上，进行采样、判决实验。

首先从图 2.8.1 中的可调低通滤波器输出的限带基带信号中提取时钟，然后对限带基带信号进行采样、判决。

1. 实验步骤

（1）请自主设计图 2.8.1 中的提取时钟的实验方案，完成恢复时钟（TTL 电平）的实验任务。

请注意：调节恢复时钟的相移，使恢复时钟的相位与发来的数字基带信号的时钟相位一致(请将移相器模块印刷电路板上的拨动开关拨到"LO"位置)。

(2)按照图2.8.1所示,将恢复时钟输入于判决模块的B.CLK时钟输入端(TTL电平)。将可调低通滤波器输出的基带信号输入于判决模块,并将判决模块印刷电路板上的波形选择开关SW1拨到NRZ-L位置(双极性不归零码),SW2开关拨到"内部"位置。

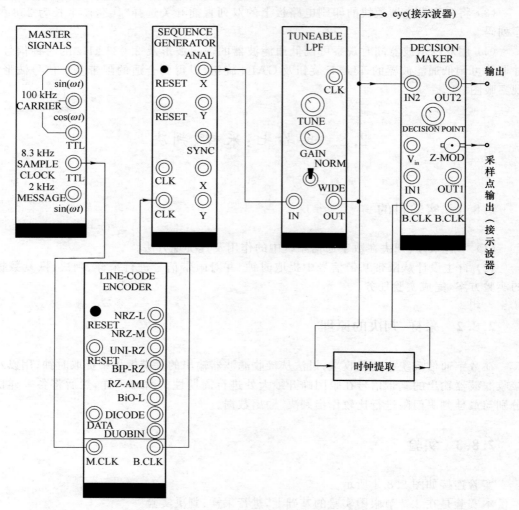

图2.8.1 眼图、时钟提取、采样、判决实验连接图

(3)用双踪示波器同时观察眼图及采样脉冲。调节判决模块前面板上的判决点旋钮,使得在眼图睁开最大处进行采样、判决。对于NRZ-L码的最佳判决电平是零,判决输出的是TTL电平的数字信号。

2. 思考题

对于滚降系数为 $\alpha = 1$ 升余弦滚降的眼图,请示意画出眼图,标出最佳取样时刻和最佳判决门限。

2.9　实验八：二进制通断键控（OOK）

2.9.1　实验目的

（1）了解 OOK 信号的产生及其实现方法。
（2）了解 OOK 信号波形和功率谱的特点及其测量方法。
（3）了解 OOK 信号的解调及其实现方法。

2.9.2　OOK 信号的产生及其解调原理

二进制通断键控（OOK）方式是以单极性不归零码序列来控制正弦载波的导通与关闭，如图 2.9.1 所示。

OOK 信号的功率谱密度含有离散的载频分量及连续谱（主瓣宽度为 $2R_b$）。

对 OOK 信号的解调方式有相干及非相干解调两种。相干解调方式如图 2.9.2 所示。可以从接收到的 OOK 信号提取离散的载频分量，恢复载波。然后进行相干解调、时钟提取、采样、判决、输出数字信号。

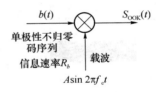

图 2.9.1　产生 OOK 信号的原理框图

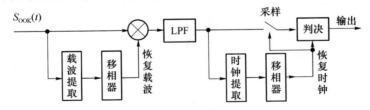

图 2.9.2　OOK 信号的相干解调

另一种解调方式是非相干解调，如图 2.9.3 所示。

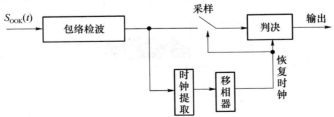

图 2.9.3　OOK 信号的非相干解调

本实验采用非相干解调方案。

2.9.3　OOK 信号的产生

实验连接图如图 2.9.4 所示。

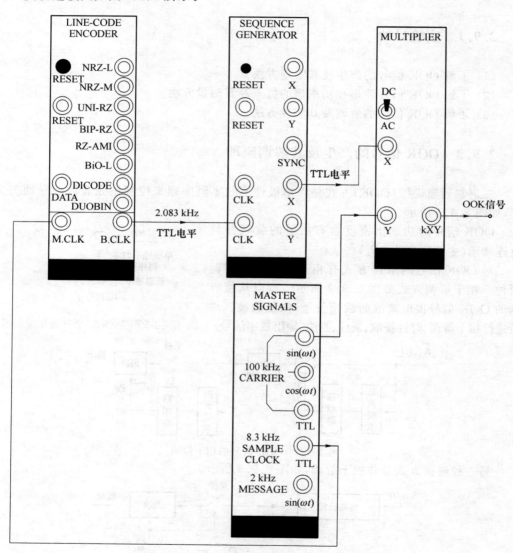

图 2.9.4　产生 OOK 信号的实验连接图

实验步骤如下。

（1）用示波器观察图 2.9.4 中的各点信号波形。

（2）用频谱仪测量图 2.9.4 中各点的功率谱（请将序列发生器模块印刷电路板上的双列直插开关拨到"11"，使码长为 2 048）。

2.9.4　OOK 信号的非相干解调

实验连接图如图 2.9.5 所示。

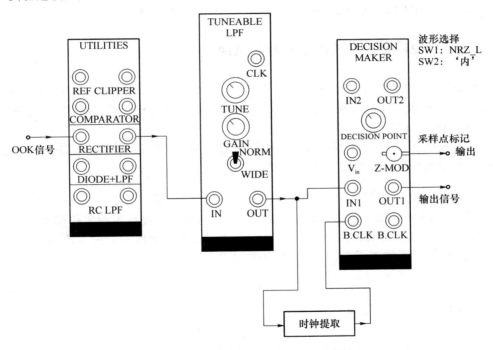

图 2.9.5　OOK 信号非相干解调实验连接图

1. 实验步骤

（1）用示波器观察图 2.9.5 中各点的波形。

（2）请学生自主完成时钟提取、采样、判决的实验任务（需要注意的是，恢复时钟的相位要与发来信号的时钟相位一致）。

2. 思考题

对 OOK 信号的相干解调，如何进行载波提取？请画出原理框图及实验框图。

2.10 实验九:二进制移频键控(2FSK)

2.10.1 实验目的

(1) 了解连续相位 2FSK 信号的产生及实现方法。

(2) 测量连续相位 2FSK 信号的波形及功率谱。

(3) 了解用锁相环进行 2FSK 信号解调的原理及实现方法。

2.10.2 2FSK 信号的产生及解调原理

2FSK 是用二进制数字基带信号去控制正弦载波频率,发送传号(数据"1")和空号(数据"0")时的载波频率分别为 f_1 及 f_2。2FSK 信号可分为相位不连续 2FSK 及相位连续 2FSK 两种。本实验是后者。

以双极性不归零码为调制信号,对载波进行调频(FM)得到的就是连续相位的 2FSK。连续相位 2FSK 的信号表达式为

$$s_{2\mathrm{FSK}}(t) = A\cos\left[2\pi f_c t + 2\pi K_f \int_{-\infty}^{t} b(\tau)\mathrm{d}\tau\right] \qquad (2.10.1)$$

其中,K_f 是调频器的频率偏移常数,单位是 $\mathrm{Hz/V}$,$b(t)$ 是双极性不归零码信号。若 $b(t)$ 的幅度为 $\pm A_b$,则 $s_{2\mathrm{FSK}}(t)$ 的最大频偏是 $\Delta f = K_f A_b$,若近似以 $b(t)$ 的主瓣带宽 R_b 作为 $b(t)$ 的最高频率,则按模拟调频看待时的调频指数为

$$\beta_f = \frac{K_f A_b}{R_b} \qquad (2.10.2)$$

其带宽按卡松公式可近似为

$$B_{2\mathrm{FSK}} \approx 2(\beta_f + 1)R_b \qquad (2.10.3)$$

注意上式不是 2FSK 的主瓣带宽,是主要能量所集中的带宽。

作为数字调频,一般定义调制指数为

$$h = \frac{2\Delta f}{R_b} = \frac{2K_f A_b}{R_b} = 2\beta_f \qquad (2.10.4)$$

$h=1/2$ 的情形就是 MSK。

可以用 VCO 作为调频器来产生相位连续的 2FSK 信号,如图 2.10.1 所示。

图 2.10.1 用 VCO 产生相位连续 2FSK 信号

连续相位 2FSK 信号的解调可采用类似于锁相环调频解调的方案,如图 2.10.2 所示。

对锁相环中 LPF 输出的解调信号进行采样、判决,然后输出数字信号。本实验仅完成锁相解调任务,不做采样、判决等内容。

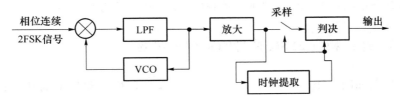

图 2.10.2　锁相环解调

2.10.3　连续相位 2FSK 信号的产生

实验连接图如图 2.10.3 所示。

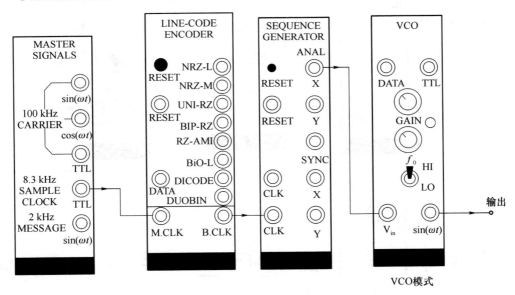

图 2.10.3　连续相位 2FSK 信号的产生

实验步骤如下。

(1) 单独测试 VCO 模块的压控灵敏度。

(a) 首先将 VCO 模块的 V_{in} 输入端接地,调节 VCO 模块前面板上的 f_0 旋钮,使 VCO 中心频率为 100 kHz。

(b) 将可变直流电源模块的直流电压输入于 VCO 的 V_{in} 端。改变直流电压值,测量 VCO 的中心频率随直流电压的变化情况,调节 VCO 前面板上的 GAIN 旋钮,使 VCO 在输入直流电压为 ±2 V 时的频率偏移为 ±2 kHz,即压控灵敏度为 1 kHz/V。

以上测量可用双踪示波器来完成。

（2）按图 2.10.3 连接各模块,序列发生器的时钟频率为 2.083 kHz。

（3）用示波器观察图 2.10.3 中各点的信号波形。

（4）用频谱仪测量 2FSK 信号的功率（序列发生器码长为 2 048）。

2.10.4　连续相位 2FSK 信号的锁相环解调

实验连接图如图 2.10.4 所示。请将 VCO 模块的印刷电路板上的开关置于"VCO"模式。

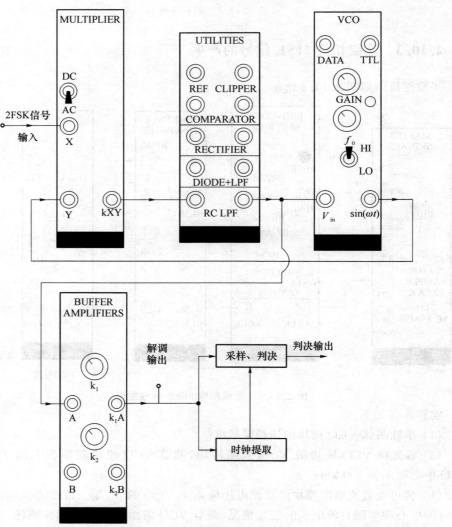

图 2.10.4　连续相位 2FSK 信号的锁相环解调

实验步骤如下。

(1) 单独测试 VCO 的压控灵敏度。

(a) 将 VCO 的 V_{in} 接地,调节 VCO 的 f_0 旋钮,使 VCO 中心频率为 100 kHz。

(b) 在 VCO 的 V_{in} 端加上直流电压,调节 VCO 的 GAIN 旋钮,使 VCO 的输入直流电压为 ±1 V 时,VCO 的频率偏移为 ±10 kHz(仅供参考)。

(2) 将锁相环闭环连接,另外用一个 VCO 作为信源,输入于锁相环的输入端,测试锁相环的同步带及捕捉带。

(3) 将已调好的连续相位 2FSK 信号输入于锁相环,观察锁相环是否已锁定,若已锁定,则锁相环的 LPF 输出是直流加上解调信号。若未锁定,则调节锁相环 VCO 的 f_0 旋钮,直至锁定,并使 LPF 输出的直流电平为 0。用示波器观察解调信号的波形。

2.11　实验十：二进制移相键控(2PSK)及差分移相键控(DPSK)

2.11.1　实验目的

(1) 了解 2PSK 信号的产生原理及其实现方法。
(2) 测量 2PSK 信号波形及其功率谱密度。
(3) 了解 2PSK 信号的相干解调及其实现方法。
(4) 了解差分移相键控(DPSK)的作用及其实现方法。

2.11.2　2PSK 及 DPSK

用二进制数字信号控制正弦载波的相位称为二进制移相键控(2PSK),其产生原理如图 2.11.1 所示。

2PSK 信号可以表示为

$$s_{2PSK}(t) = Ab(t)\cos 2\pi f_c t$$

$$= A\left[\sum_{n=-\infty}^{\infty} a_n g_T(t - nT_b)\right]\cos 2\pi f_c t$$

$$(2.11.1)$$

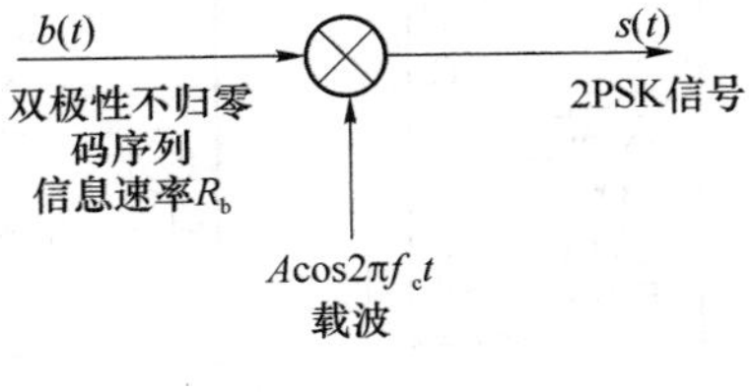

其中,$a_n \in \{\pm 1\}$,$g_T(t)$ 是发送脉冲。本实验只考虑 $g_T(t)$ 为不归零矩形脉冲的情形。

若 $b(t)$ 是绝对码的双极性不归零信号,即 NRZ-L,式(2.11.1)就是 2PSK。若 $b(t)$ 是相对码的双极性不归零信号,即 NRZ-M,它就是 DPSK。

图 2.11.1　2PSK 信号的产生

若 $\{a_n\}$ 是独立等概序列,则 2PSK 或 DPSK 信号的功率谱无离散的载波分量,仅有连续谱,其主瓣宽度为 $2R_b$。

对于 2PSK 信号的解调只能采用相干解调方式。由于 2PSK 信号的功率谱无离散载波分量,若发端发送 2PSK 加导频分量,则在接收端可从导频中提取载波。若发端发送无导频的 2PSK 信号,在收端可采用平方环或者 COSTAS 环提取载波,但所恢复的载波有相位模糊问题。为了解决此问题,采取的措施之一是利用差分移相键控(DPSK)调制方案,如图 2.11.2 所示。

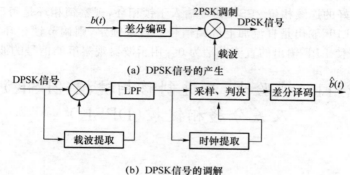

(a) DPSK 信号的产生

(b) DPSK 信号的调解

图 2.11.2　DPSK 信号的产生及解调

2.11.3　DPSK 信号的产生

实验连接图如图 2.11.3 所示。

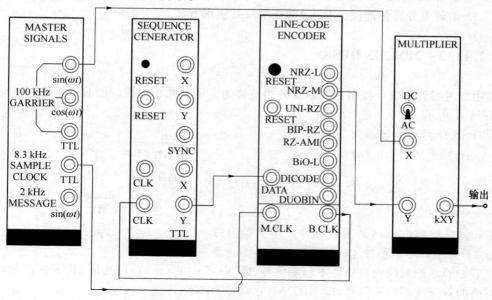

图 2.11.3　DPSK 信号的产生

实验步骤如下。

（1）用示波器测量图 2.11.3 中各点的波形。

（2）用频谱仪测量图 2.11.3 中各点的功率谱。测量频谱时，应将序列发生器模块印刷电路板上的双列直插开关拨到"11"位置，以产生码长为 2 048 的序列码。

2.11.4　DPSK 信号的相干解调

实验连接图如图 2.11.4 所示。

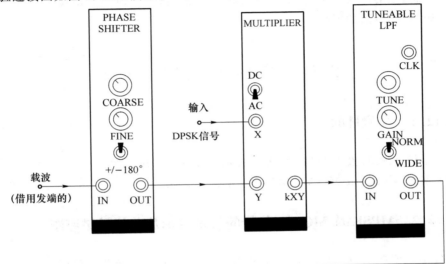

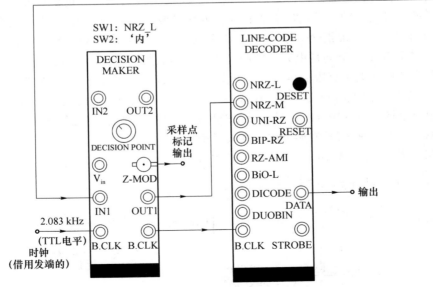

图 2.11.4　DPSK 信号的相干解调与差分译码

在本实验中,恢复载波及恢复时钟均是从发端借来的。

实验步骤如下。

(1) 按照图 2.11.4 连接各模块。

(2) 将移相器模块印刷电路板上的开关拨到"HI"位置。调节移相器的相移,使得用于相干解调的恢复载波相位与发来的信号相位一致。

(3) 用示波器测量图 2.11.4 中各点的信号波形。

(4) 为了观察恢复载波的相位模糊对相干解调输出波形的极性的影响,请拨动移相器模块前面板上的 ±180° 开关,观察它对相干解调相乘、低通的输出波形及相对码译码(差分译码)后的波形的影响。

2.12 实验十一:信号星座

2.12.1 实验目的

(1) 了解 MPSK 及 MQAM 的矢量表示式及其信号星座图。

(2) 掌握 MPSK 及 MQAM 信号星座的测试方法。

2.12.2 MPSK 及 MQAM 信号的矢量表示及其信号星座图

在数字通信理论中,信号波形在正交信号空间的矢量表示具有重要意义。它是利用信号波形的矢量表示的工具,将 M 个能量有限信号波形相应地映射为 N 维正交信号空间中的 M 个点,在 N 维正交信号空间中 M 个点的集合称为信号星座图。

此 N 维正交信号空间是由完备的归一化正交函数集 $\{f_n(t); n=1,2,\cdots,N\}$ 张成。该信号空间中的任一能量有限的信号波形可视为一个 N 维矢量,也即 N 维矢量空间中的一个点,该点的坐标由信号波形 $s(t)$ 在各归一化正交函数 $f_n(t)$ 上的投影来确定。

常用数字调制方式中,OOK 信号及 2PSK 信号可用一维矢量描述,正交 2FSK、M>2 的 MPSK 及 MQAM 信号波形可用二维矢量描述。

以 MPSK 为例。MPSK 信号波形的表示式为

$$s_i(t) = A\cos\left[2\pi f_c t + \frac{2\pi(i-1)}{M}\right]$$

$$= A\left\{\left[\cos\frac{2\pi(i-1)}{M}\right]\cos 2\pi f_c t - \left[\sin\frac{2\pi(i-1)}{M}\right]\sin 2\pi f_c t\right\}$$

$$= A(a_{i_c}\cos 2\pi f_c t - a_{i_s}\sin 2\pi f_c t) \qquad i=1,2,\cdots,M, \quad 0\leqslant t\leqslant T_s \qquad (2.12.1)$$

式中,$a_{i_c}=\cos\dfrac{2\pi(i-1)}{M}$,$a_{i_s}=\sin\dfrac{2\pi(i-1)}{M}$。

在每个 M 进制符号间隔 T_s 内,满足

$$a_{i_c}^2 + a_{i_s}^2 = 1 \tag{2.12.2}$$

MPSK 的每个信号波形都可以表示为两个归一化正交函数的线性组合。在 $[0, T_s]$ 时间内,这两个归一化正交基函数为

$$\begin{cases} f_1(t) = \sqrt{\dfrac{2}{T_s}} \cos 2\pi f_c t, & 0 \leqslant t \leqslant T_s \\[2mm] f_2(t) = \sqrt{\dfrac{2}{T_s}} \sin 2\pi f_c t, & 0 \leqslant t \leqslant T_s \end{cases} \tag{2.12.3}$$

MPSK 信号的正交展开式为

$$s_i(t) = s_{i_1} f_1(t) + s_{i_2} f_2(t), \quad 0 \leqslant t \leqslant T_s \tag{2.12.4}$$

s_{i_1} 是 $s_i(t)$ 在 $f_1(t)$ 上的投影值

$$s_{i_1} = \int_0^{T_s} s_i(t) f_1(t) \, \mathrm{d}t = \sqrt{E_s} a_{i_c}, \quad 0 \leqslant t \leqslant T_s \tag{2.12.5}$$

s_{i_2} 是 $s_i(t)$ 在 $f_2(t)$ 上的投影值

$$s_{i_2} = \int_0^{T_s} s_i(t) f_2(t) \, \mathrm{d}t = \sqrt{E_s} a_{i_s}, \quad 0 \leqslant t \leqslant T_s \tag{2.12.6}$$

E_s 为 $s_i(t)$ 在符号间隔 T_s 内的信号能量。因此,$s_i(t)$ 的正交展开式为

$$s_i(t) = \sqrt{E_s} [a_{i_c} f_1(t) + a_{i_s} f_2(t)], \quad 0 \leqslant t \leqslant T_s \tag{2.12.7}$$

MPSK 信号的二维矢量表示式为

$$s_i = [s_{i_1}, s_{i_2}] = [\sqrt{E_s} a_{i_c}, E_s a_{i_s}], \quad i = 1, 2, \cdots, M \tag{2.12.8}$$

对于第 n 个符号间隔,同相支路的 $a_{i_c, n}$ 及正交支路的 $a_{i_s, n}$ 即为 MPSK 信号矢量在两个正交基函数上的投影值。

本实验 MPSK 的 $M = 4、8、16$,其信号星座图如图 2.12.1 所示。

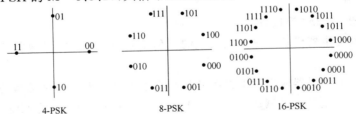

图 2.12.1　$M = 4、8、16$ 的 MPSK 信号星座图

同样,MQAM 信号也可以用矢量表示,其信号星座图如图 2.12.2 所示。

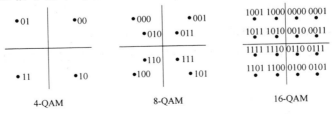

图 2.12.2　$M = 4、8、16$ 的 MQAM 信号星座图

2.12.3 信号星座图实验

实验连接图如图 2.12.3 所示。

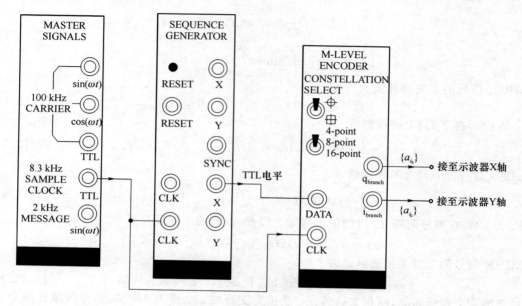

图 2.12.3 观察 MPSK 及 MQAM 信号星座实验连接图

1. 实验步骤

（1）按照图 2.12.3 连接各模块。

（2）将序列发生器模块印刷电路板上的双列直插开关拨到"11"位置，产生长为 2 048 的序列码。

（3）将多电平编码器输出的 I 支路多电平信号及 Q 支路多电平信号分别接到示波器的 X 轴及 Y 轴上，调节示波器旋钮，可看到 $M=4$、8、16 的 MPSK 或 MQAM 信号星座。

请注意多电平编码器模块前面板上的开关。上端开关是选择 MPSK 调制方式或者 MQAM 调制方式，下端开关是选择信号星座的点数 M。

2. 思考题

（1）请画出 OOK、2PSK 和正交 2FSK 信号的星座图。

（2）在相同点数 M 下，MPSK 和 MQAM 谁具有更好的抗噪声能力？

2.13　实验十二：低通信号的采样与重建

2.13.1　实验目的

(1) 了解低通信号的采样及其信号重建的原理和实现方法。
(2) 测量各信号波形及振幅频谱。

2.13.2　低通信号的采样与重建的原理

1. 低通信号的采样定理

一个频带受限于 $[0, f_H]$ 的模拟基带信号,可以唯一地被采样周期 T_s 不大于 $\dfrac{1}{2f_H}$ 的采样序列值所决定。

上述定理指出,如果对模拟基带信号均匀采样的速率不低于 $2f_H$ 次/秒,则所得样值序列值含有基带信号的全部信息。

将该样值序列通过一带宽为 f_H 的低通滤波器,可以无失真地重建或恢复出原基带信号。

2. 实验原理

本实验的实验原理如图 2.13.1 所示。说明如下。

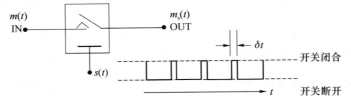

图 2.13.1　低通信号的采样电路图

一模拟音频信号 $m(t)$ 通过采样器输出被采样的信号 $m_s(t)$。由周期采样脉冲序列 $s(t)$ 控制一开关的闭合与打开构成采样器,其采样信号波形 $m_s(t)$ 如图 2.13.2 所示。

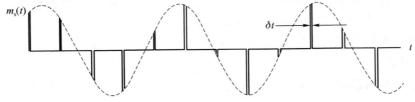

图 2.13.2　采样信号波形图

将此采样信号通过一低通滤波器即可恢复原基带信号。

2.13.3 采样与重建

1. 实验连接图

实验连接图如图 2.13.3 所示。

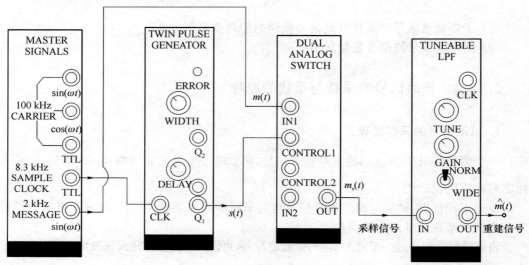

图 2.13.3 低通信号的采样与重建实验连接图

（1）在实验前，请阅读附录中有关双脉冲发生器、双模开关及可调低通滤波器模块的说明；

（2）请将双脉冲发生器模块的印刷电路板上的模式选择开关置于"TWIN"位置。

（3）可调低通滤波器模块前面板上的"TUNE"旋钮可用来调节 LPF 的截止频率，前面板上的"CLK"输出时钟频率的 $\frac{1}{100}$ 为 LPF 的 3 分贝带宽，请根据实验要求，调节"TUNE"旋钮。

2. 实验步骤

（1）按照图 2.13.3 连接各模块。

（2）用双踪示波器测量图中的各点信号波形，调节双脉冲发生器模块前面板上的"WIDTH"旋钮，使采样脉冲的脉冲宽度约为 $10~\mu s$。

（3）用频谱仪测量各信号的频谱，并加以分析。

3. 思考题

（1）若采样器的输入音频信号频率为 5 kHz，请问本实验的 LPF 的输出信号会产生什么现象？

　（2）若输入于本实验采样器的信号频谱如图 2.13.4 所示，(a)请画出其采样信号的振幅频谱图；(b)为了不失真恢复原基带信号，请问收端的框图作何改动？（提示：请考虑采样脉冲序列的脉冲宽度对采样信号的频谱有何影响？）

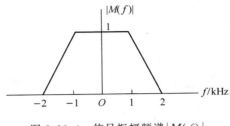

图 2.13.4　信号振幅频谱 $|M(f)|$

2.14　实验十三：脉冲幅度调制与时分复用

2.14.1　实验目的

　（1）了解脉冲幅度调制（PAM）与时分复用（TDM）的原理及其实现方法。
　（2）了解从 PAM/TDM 信号中分离出各路信号的原理及其实现方法。
　（3）测量 PAM/TDM 信号波形。

2.14.2　PAM 与 TDM 的原理

1. PAM 与 TDM 原理

　　根据 2.13 节的实验，对一路 2.083 kHz 音频信号进行采样，得到一路 PAM 信号，其采样频率为 8.333 kHz，采样间隔 $T_s = \dfrac{1}{8.333 \text{ kHz}} = 0.12$ ms。这一路 PAM 信号的每样值的脉冲宽度 T_w 约为 10 μs，T_w 远小于 T_s，因此在 T_s 的其余空闲时间可用来传送第二路、第三路等其他各路 PAM 信号。各路 PAM 信号的有序排列，可在时间上将各路独立信号分割开来，所合成的复合信号，在同一信道传输，这就是信道复用的方式之一———时分复用（TDM）。

　　在接收端，由适当的同步检测器就可从 TDM 信号中分离出各路信号。

2. 实验原理

　　两路 PAM/TDM 信号，如图 2.14.1 所示。

　　图 2.14.1(a)是第一路 PAM 信号波形；(b)是第二路 PAM 信号波形，此第二路的采

样脉冲序列在时间上比第一路的延迟 t_D 秒；(c)表示将两路 PAM 信号复合在一起的 PAM/TDM 信号波形。

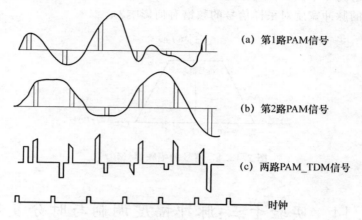

图 2.14.1　两路 PAM/TDM 信号波形

在实验中,具体的实验框图如图 2.14.2 所示。

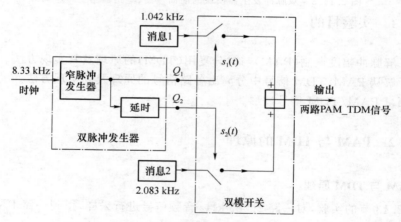

图 2.14.2　产生两路 PAM/TDM 信号的实验框图

说明如下。

将两路音频信号与双脉冲发生器、双模开关相结合产生两路 PAM/TDM 信号。

图 2.14.2 中的双模开关模块的两个开关及其相应的采样脉冲序列 $s_1(t)$、$s_2(t)$ 构成两个采样器,$s_1(t)$ 及 $s_2(t)$ 由双脉冲发生器产生。

双脉冲发生器模块的前面板图及电路框图、时序图如图 2.14.3 所示。

由图 2.14.3 看出,在时钟信号的每一上升沿时刻,双脉冲发生器输出两个脉冲,在前面板的 Q_1 端及 Q_2 端形成两脉冲序列 $s_1(t)$ 及 $s_2(t)$,其脉冲宽度 t_W 由前面板上的 "WIDTH"旋钮调节,两脉冲序列之间的时间延迟 t_D 则由"DELAY"旋钮调节。

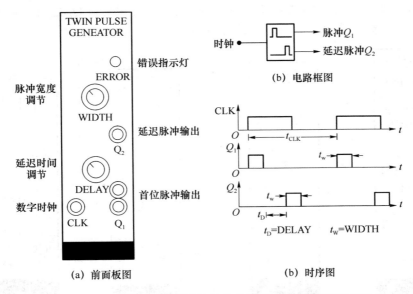

图 2.14.3 双脉冲发生器模块的前面板图、电路框图及时序图

根据两路 PAM 信号的采样序列在时间上错开的特点,可以从两路 PAM/TDM 信号中分离出每路 PAM 信号,然后恢复出每路基带信号。

2.14.3 PAM/TDM 信号的产生

实验连接图如图 2.14.4 所示。

在实验前,①请将 BITCLOCK 再生模块的印刷电路板上的 SW2 双列直插开关的两个开关均拨到"关"的位置,表示模块中的分频器是 8 分频;②将双脉冲发生器模块的印刷电路板上的模式选择开关置于"TWIN"位置。

实验步骤如下。

(1) 按图 2.14.3 连接各模块。

(2) 用示波器测量由主信号发生器输出的时钟 8.333 kHz 经 BITCLOCK 再生模块8 分频后得到的方波频率应为 1.042 kHz。

(3) 将此 BITCLOCK 再生模块分频器输出的 1.042 kHz 方波输入至音频振荡器模块的"SYNC"同步输入端,调节音频振荡器前面板上的 Δf 旋钮,使输出的音频振荡信号与此输入信号同步,此时用示波器测量到的音频输出信号频率是 1.042 kHz,将它作为消息一送至双模开关的输入 1 端。

(4) 用示波器测量主信号发生器输出的 2.083 kHz 正弦信号,作为消息二送至双模开关的输入 2 端。

(5) 由主信号发生器输出的 8.33 kHz 时钟信号输入于双脉冲发生器的"CLK"端。

调节该模块前面板上的'DELAY'旋钮,控制 Q_2 输出脉冲序列与 Q_1 之间的延迟时间 t_D。调节"WIDTH"旋钮,使采样脉冲宽度约为 $10~\mu s$。

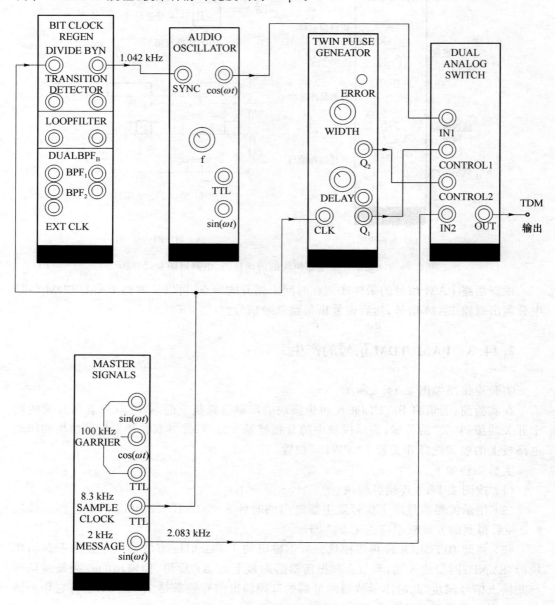

图 2.14.4　两路 PAM/TDM 信号的产生实验连接图

（6）将双脉冲发生器输出的 Q_1 及 Q_2 脉冲序列分别连接至双模开关的两个控制端口。

（7）将示波器连接于双模开关模块的输出端,观察两路 PAM/TDM 信号波形。

2.14.4　PAM /TDM 信号的分路

实验连接图如 2.14.5 所示。

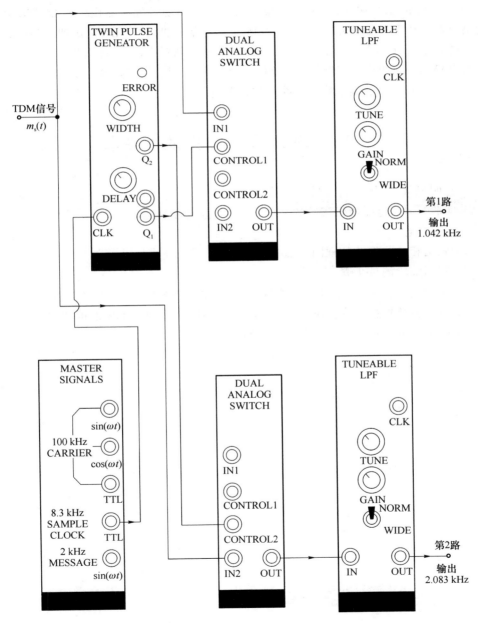

图 2.14.5　PAM/TDM 信号的分路实验连接图

实验步骤如下。

（1）TDM 信号输入于双模开关输入端口 1，双脉冲发生器的 Q_1 端输出的采样脉冲序列接至双模开关的控制端口 1，此双模开关输出第 1 路 PAM 信号，将它输入于另一可调低通滤波器，由此 LPF 输出第 1 路 1.042 kHz 的音频信号。

（2）将 TDM 信号输入于双模开关输入端口 2，将双脉冲发生器模块的 Q_2 端输出脉冲序列接至双模开关的控制端口 2。调节双脉冲发生器模块的"DELAY"旋钮，使其 Q_2 端输出的采样脉冲序列的时间关系与发端第 2 路的脉冲序列对齐，于是此双模开关输出信号为第 2 路 PAM 信号，再由可调低通滤波器解出第 2 路音频信号，其频率为 2.083 kHz。

以上各信号波形及频率均用双线示波器测量。

2.15　通信系统实验报告要求

1. 写明班级、学号、姓名、联系电话。

2. 实验目录：包括所做实验的名称。

3. 实验内容：

（1）画出相应的系统的框图。

（2）写明实验测试步骤。

（3）实验结果包括实验数据、实验结果曲线、波形等图形，并回答思考题。

（4）对实验结果进行分析讨论，写出实验心得体会，提出对本实验的建议。

注：需提交电子版和书面打印版的实验报告各一份。

第3章 高斯最小移频键控调制器实验

3.1 实 验 目 的

1. 通过利用数字基带处理方法来实现高斯最小移频键控(GMSK)调制器算法的基带硬件实验,对通信系统硬件实现有新的认识及新的思路。

2. 掌握 MAX+plusⅡ及可编程器件的应用。

3. 学会用 C 语言或 Matlab 软件进行 GMSK 相位路径及仿真眼图的编程。

4. 正确使用测试仪表。

5. 理论联系实际,培养科学实验态度,提高实际动手能力。

3.2 实 验 内 容

1. 了解 GMSK 调制器工作原理,推导 GMSK 信号相位路径的计算公式,掌握 GMSK调制器数字化实现的原理。

2. 掌握 GMSK 调制器数字化、实现地址逻辑的工作原理,用可编程器件实现地址逻辑的设计,并仿真各点波形,分析检验其时序逻辑关系。

3. 了解 GMSK 相位路径的编程流程图,并用计算机编出相位路径 $\phi(t)$ 的余弦及正弦表。

4. 为了检验所编码表的正确性,可进一步利用计算机软件检验从上述码表得出的 GMSK 基带波形的眼图与理论计算是否一致,若二者一致,说明所编码表正确,于是可将码表写入 EPROM 中,并将 EPROM 片子插在 GMSK 调制器硬件实验板上。

5. 在通信实验板上,正确使用测试仪表观看各点波形:

(1)用示波器观看 GMSK 基带信号眼图;

(2)用逻辑分析仪观看地址逻辑电路各点波形及其时序关系;

(3)用频谱仪观看 GMSK 调制器基带波形的功率谱。

6. 按上述要求写出实验报告。

3.3　实验原理

3.3.1　GMSK 调制器工作原理及相位路径的计算

MSK 调制可看成是调制指数 h 为 0.5 的连续相位 2FSK 调制器，为了满足移动通信对发送信号功率谱的带外辐射要求，在 MSK 调制前加入高斯滤波器。产生 GMSK 信号的原理图如图 3.3.1 所示。

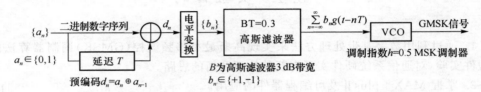

图 3.3.1　产生 GMSK 信号的原理图

GMSK 是恒包络连续相位调制信号，它的表示式如下：

$$s(t) = \cos[\omega_c t + \Phi(t)]$$
$$= \cos \Phi(t) \cos \omega_c t - \sin \Phi(t) \sin \omega_c t$$

相位路径为

$$\Phi(t) = 2\pi h \int_{-\infty}^{t} \sum_{n=-\infty}^{\infty} b_n g(\tau - nT) \mathrm{d}\tau$$

其中，$g(t)$ 为 BT=0.3 高斯滤波器矩形脉冲响应，调制指数 $h=0.5$，b_n 为双极性不归零码序列的第 n 个码元，b_n 为 +1 或 -1。

高斯滤波器传递函数 $H(f)$ 为

$$H(f) = \exp(-\alpha^2 f^2)$$

其中，$\alpha = \dfrac{1}{B}\sqrt{\dfrac{\ln 2}{2}}$，$B$ 是高斯滤波器 3dB 带宽。

高斯滤波器冲激响应 $h(t)$ 为

$$h(t) = \int_{-\infty}^{\infty} H(f) \mathrm{e}^{\mathrm{j}2\pi ft} \mathrm{d}f = \frac{\sqrt{\pi}}{\alpha} \exp\left(-\frac{\pi^2}{\alpha^2} t^2\right)$$

矩形脉冲为

$$x(t) = \frac{1}{2T}\left[u\left(t + \frac{T}{2}\right) - u\left(t - \frac{T}{2}\right)\right]$$

式中，$u(t)$ 为单位阶跃函数，其表达式为

$$u(t) = \begin{cases} 1 & t > 0 \\ 0 & t < 0 \end{cases}$$

高斯滤波器矩形脉冲响应为

$$g(t) = x(t) * h(t) = \frac{1}{2T} \left\{ Q\left[\frac{\sqrt{2}\pi}{a}(t - \frac{T}{2})\right] - Q\left[\frac{\sqrt{2}\pi}{\alpha}(t + \frac{T}{2})\right] \right\}$$

其中

$$Q(t) = \frac{1}{\sqrt{2\pi}} \int_t^\infty \exp(-\frac{x^2}{2}) \mathrm{d}x$$

可证明

$$\int_{-\infty}^\infty g(t)\mathrm{d}t = \frac{1}{2}$$

将 $g(t)$ 截短,对 BT＝0.3 的 $g(t)$ 经计算,取截短长度为 $5T$ 时,有

$$\begin{cases} \int_{-2.5T}^{2.5T} g(t)\mathrm{d}\tau \approx 0.5 \\ g(t) \approx 0 & |t| > 2.5T \end{cases}$$

因而在具体计算 $\Phi(t)$ 时,取 $g(t)$ 的截短长度为 $5T$,就可达到足够精度。BT＝0.3 的高斯滤波器矩形脉冲响应如图 3.3.2 所示。

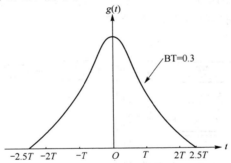

图 3.3.2　BT＝0.3 高斯滤波器矩形脉冲响应

在 $kT \leqslant t \leqslant (k+1)T$ 时

$$\Phi(t) = \pi \sum_{n=k-2}^{k+2} b_n \int_{(n-2)T}^t g(\tau - nT - \frac{T}{2})\mathrm{d}\tau + L \cdot \frac{\pi}{2}$$

$$L = \sum_{n=-\infty}^{k-3} b_n \qquad (取模 4)$$

具体计算如下。

在 $kT \leqslant t \leqslant (k+1)T$ 时

$$\Phi(t) = \Phi(kT) + \Delta\Phi(t)$$

$$\Phi(kT) = \pi \sum_{n=k-2}^{k+2} b_n \int_{(n-2)T}^{kT} g(\tau - nT - \frac{T}{2})\mathrm{d}\tau + L \cdot \frac{\pi}{2}$$

$$\Delta\Phi(t) = \pi \sum_{n=k-2}^{k+2} b_n \int_{kT}^t g(\tau - nT - \frac{T}{2})\mathrm{d}\tau$$

图 3.3.3 表示不归零矩形脉冲序列通过 BT＝0.3 的高斯滤波器的响应示意图。

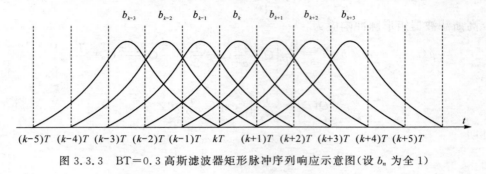

图 3.3.3　BT＝0.3 高斯滤波器矩形脉冲序列响应示意图(设 b_n 为全 1)

3.3.2　数字信号处理方法实现 GMSK 调制器

在算得 $\Phi(t)$ 后,即可算出 $\cos\Phi(t)$ 及 $\sin\Phi(t)$ 值。在工程上,首先将 $\cos\Phi(t)$ 及 $\sin\Phi(t)$ 离散化,制成表,固化在 ROM 中。由随机数据$\{b_n\}$形成 ROM 表的地址,根据地址取出 ROM 中相应的基带信号离散值,然后利用 D/A 将其数模变换成模拟基带信号 $\cos\Phi(t)$ 和$\sin\Phi(t)$,再由正交调制器将基带频谱搬移至载频上。

本实验电路原理如图 3.3.4 所示。

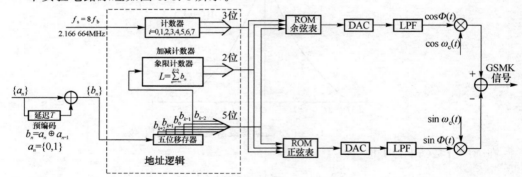

图 3.3.4　用数字化方法实现 GMSK 调制器原理框图

为得到 $\Phi(t)$ 的余弦表和正弦表,必须将基带信号 $\cos\Phi(t)$ 和 $\sin\Phi(t)$ 离散化,即采样、量化。根据随机信号功率谱估计仿真方法,对不同采样速率、不同量化电平值的GMSK基带信号进行谱估计,最后选用采样速率 f_s 为每比特抽 8 个样,每个样值量化编码为 10 比特($Q=$ 10)。在采样速率 $f_s=8f_b=8\times270.833\,\text{kHz}=2.166\,664\,\text{MHz}$ 情况下,由于存在着采样造成的副主瓣,影响了功率谱特性,因此必须在 D/A 后加低通滤波器来抑制此高频分量,选用 3 dB带宽为 330 kHz 的 6 阶贝塞尔低通滤波器,数/模变换后的基带信号经低通滤波器后的功率谱满足 GSM05.05 建议的要求。按照上述构思计算 $\Phi(t)$ 并选取 $f_s=8f_b$,$Q=10$ 所得基带信号仿真眼图与非近似计算的眼图一致,其眼图如图 3.3.5 所示。

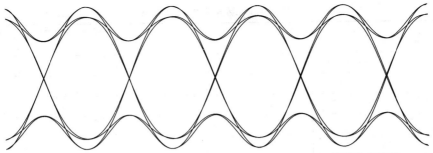

图 3.3.5　BT＝0.3,$g(t)$截短长度为 $5T$,f_s＝$8f_b$,Q＝10 基带仿真眼图

3.4　实验步骤

3.4.1　设计相位路径的余弦表与正弦表

1. 请仔细推导 $g(t)$、$\Phi(t)$ 的计算公式。
2. 自学 Matlab 软件。
3. 用 Matlab 编写 GMSK 高斯滤波器的矩形脉冲响应 $g(t)$ 子程序。
4. 为验证程序的正确性,绘制 $g(t)$ 函数如图 3.4.1 所示。

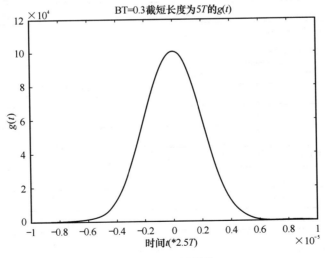

图 3.4.1　$g(t)$ 函数

5. 用 Matlab 编写计算 $\Phi(t)$ 的程序。
6. 用 Matlab 编写计算 $\cos\Phi(t)$ 和 $\sin\Phi(t)$ 的程序,并设计余弦及正弦 ROM 表。
7. 将余弦及正弦码表中的每个样值的 10 bit 码字,按照地址逻辑进行存放,其存储的数据文件如表 3.4.1 所示。

表 3.4.1　数据文件存储表格

象限 L	$\{b_n\}$		1	2	每样值量化编码为 10 比特 ...	10
0	$(-1-1-1-1-1)$	0				
	$(-1-1-1-1\ 1)$	1				
	...	...				
	$(1\ 1\ 1\ 1\ 1)$	31				
1	$(-1-1-1-1-1)$	0				
	$(-1-1-1-1\ 1)$	1				
	...	...				
	$(1\ 1\ 1\ 1\ 1)$	31				
2	$(-1-1-1-1-1)$	0				
	$(-1-1-1-1\ 1)$	1				
	...	...				
	$(1\ 1\ 1\ 1\ 1)$	31				
3	$(-1-1-1-1-1)$	0				
	$(-1-1-1-1\ 1)$	1				
	...	...				
	$(1\ 1\ 1\ 1\ 1)$	31				

8. 余弦表与正弦表的设计可借助 Matlab 丰富的内置函数库和强大的编程能力来实现,参考流程图如图 3.4.2 所示。

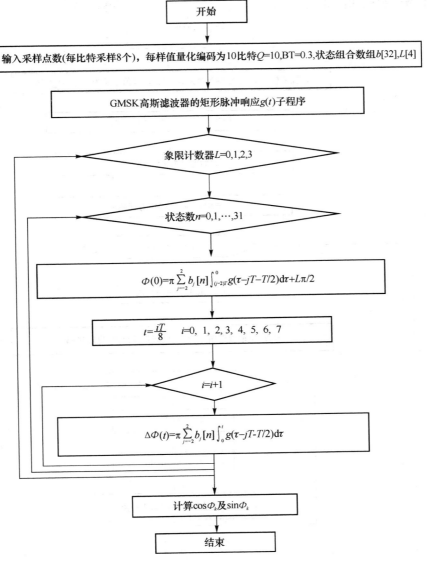

图 3.4.2　相位路径余弦表与正弦表的设计参考流程图

3.4.2　仿真眼图的编程及其检验

得到 ROM 存储的基本波形表后,便可利用信号源产生的伪随机序列 $\{a_n\}$ 经预编码后得到$\{b_n\}$，再经地址逻辑运算由 ROM 中顺序取出 $\sin \Phi_k$ 及 $\cos \Phi_k$ 的离散值，然后利用计算机绘图程序（其功能相当于数模变换 DAC），得到基带波形的输出，即可观察到仿真眼图。参考流程图如图 3.4.3 所示。

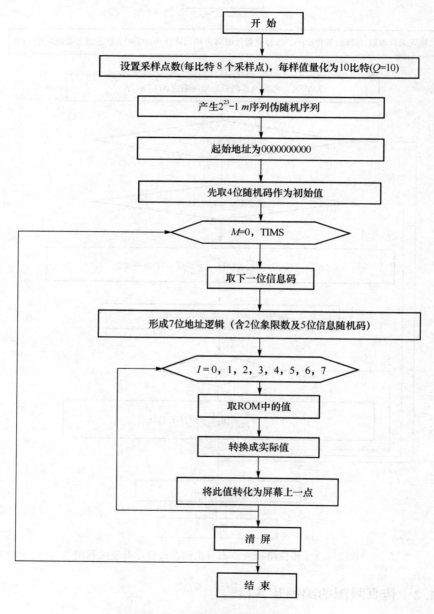

图 3.4.3　仿真眼图参考流程图

程序说明：

(1) 开辟空间存入 ROM 表及伪随机序列。

(2) 根据所用的 ROM 表确定采样频率 $f_s = 8 f_b$ ($f_b = 270.833\ \text{kHz}$)，即一个码元时间内有 8 个采样值，每样值量化编码为 10 比特，并设初始相位为 0，即起始地址为 0000000000。

(3) 确定读取信号的数目为 $10 \times \text{TIMS}$。即每 10 个码元时间的波形显示于同一屏幕，共显示 TIMS 次。

(4) 由 b_{k-2}、b_{k-1}、b_k、b_{k+1}、b_{k+2} 5 个码元及象限 L 形成地址逻辑获得 ROM 表中的 7 位地址。

(5) 再取 3 位地址码，顺序取出 $I = 0,1,2,3,4,5,6,7$ 个采样量化值，由 10 位地址找到 ROM 中基带波形的位置，将其转换成实际值，存入一个数据文件用于眼图或功率谱仿真，共有 $10 \times \text{TIMS} \times N$ 个值（$N = 8$）。

(6) 根据产生眼图的原理，将每次扫描结果叠加而成，删除程序中清屏幕命令，即可观察到眼图。

(7) 若改变每比特采样个数 N 及量化编码 Q 值，则需改变 ROM 表，可得到相应的输出波形功率谱及眼图。有关功率谱的仿真，请读者自行考虑。

在上述仿真成功后可得到一连续波形，既验证了 ROM 制作的正确性，又能得到正确的数据，并可用于功率谱仿真测量。仿真眼图如图 3.4.4 所示。

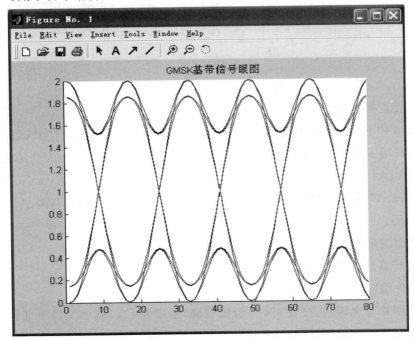

图 3.4.4　仿真眼图

3.4.3　设计地址逻辑

由实验原理分析可知,地址逻辑可由伪随机序列$\{a_n\}$经预编码后得到$\{b_n\}$,再经地址逻辑运算形成,电路设计可分为时钟分频、伪随机序列的产生、地址逻辑的生成 3 部分,此部分电路的设计及仿真可以在 MAX＋plus II 软件环境下完成,原理框图如图 3.3.4 所示,地址逻辑电路框图如图 3.4.5 所示。

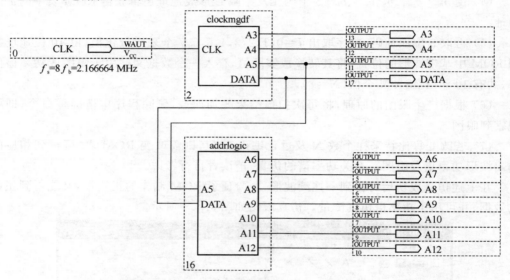

图 3.4.5　地址逻辑电路框图

（1）地址逻辑电路框图

图 3.4.5 中 clockmgdf 器件是时钟脉冲发生器及伪随机序列发生器,是在 MAX＋plus II 软件环境下用图形设计输入方式事先编好的 gdf 文件;DATA 为伪随机序列输出信号;A5、A4、A3 为 8 个采样值的逻辑地址码,分别为 f_b、$2f_b$、$4f_b$,$f_b=270.833$ kHz 为码元速率;A6、A7 为两位象限逻辑地址码,对应 L 从 0 到 3;A8、A9、A10、A11、A12 为 5位信息地址码。

（2）输出波形

计算机仿真地址逻辑的输出波形如图 3.4.6 所示。

（3）器件编程

当电路图检验无误后,按表 3.4.2 分配管脚,生成 pof 文件,将文件下载到 GMSK 通信系统实验箱通信实验板,用逻辑分析仪或存储示波器观测地址逻辑波形。

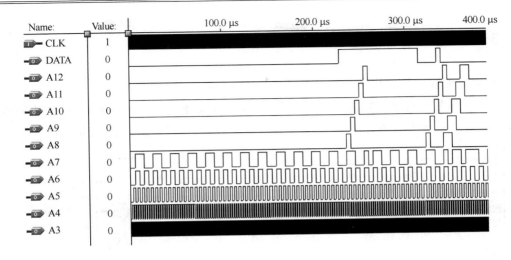

图 3.4.6　地址逻辑输出波形

表 3.4.2　TX2000 通信实验板管脚分配

地址线	A12	A11	A10	A9	A8	A7	A6	A5	A4	A3
管脚号	46	68	67	65	64	63	61	60	49	48

3.5　实验结果观察

3.5.1　实验仪器

实验仪器如表 3.5.1 所示。

表 3.5.1　实验仪器

名称	型号指标	数量/台
计算机	P4/Windows 2000/MAX＋plus Ⅱ/Matlab	1
实验箱	GMSK 调制器通信系统实验箱	1
双踪同步示波器	40 MHz	1
直流稳压电源	双 16 V(1.5 A)	1
编程器	28 管脚 ROM 编程器	1
擦除器	紫外线擦除器	1

3.5.2 观察实验结果

在地址逻辑及 ROM 表设计、仿真完成后便可观测实验结果。

（1）用编程器将量化后的码表的二进制 bin 数据文件如图 3.5.1 所示，下载到 ROM 中，插在 GMSK 通信系统实验箱上，注意芯片的位置和方向如图 3.5.2 所示。

```
00000090h: 22 00 00 00 00 00 00 00 48 00 00 00 00 00 00 00 ; "········ H·······
000000a0h: 77 00 00 00 00 00 00 00 7F 00 00 00 00 00 00 00 ; w········ ·······
000000b0h: 7F 00 00 00 00 00 00 00 7F 00 00 00 00 00 00 00 ; ········ ·······
000000c0h: 00 00 00 00 00 00 00 00 08 00 00 00 00 00 00 00 ; ········ ·······
000000d0h: 22 00 00 00 00 00 00 00 48 00 00 00 00 00 00 00 ; "········ H·······
000000e0h: 76 00 00 00 00 00 00 00 7F 00 00 00 00 00 00 00 ; v········ ·······
000000f0h: 7F 00 00 00 00 00 00 00 7F 00 00 00 00 00 00 00 ; ········ ·······
000001f0h: 4A 00 00 00 00 00 00 00 4F 00 00 00 00 00 00 00 ; J········ O·······
00000110h: 5D 00 00 00 00 00 00 00 75 00 00 00 00 00 00 00 ; ]········ u·······
```

图 3.5.1　量化后的二进制 bin 数据文件

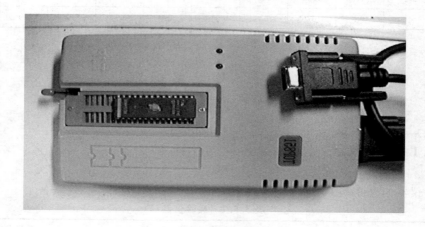

图 3.5.2　存储器的位置和方向

（2）将"GMSK 调制器"通信系统实验箱的 JTAG 接口与计算机相连。

（3）将双路稳压电源调整为 ±16 V。

（4）接通电源，用示波器观察余弦 cos Φ 经低通滤波器 LPF 后的输出波形如图3.4.4 所示，与 Matlab 软件仿真的眼图比较，结果相同，进一步验证了 ROM 表的正确性。

（5）观察眼图。

调整示波器扫描周期，使示波器水平扫描周期与被观测输出信号周期同步，这时示波器屏幕上看到的图形像人的眼睛,故称为"眼图"。从"眼图"的张开程度可用来观察码间干扰和加性噪声对接收基带信号波形的影响,从而估计出系统的性能。

存储示波器观测余弦 cos Φ 波形经低通滤波器后的输出眼图如图 3.5.3 所示。若直接观察通过数模转换器后的波形,可以很明显地看到波形上的锯齿,说明波形存在高频部分,主要是由采样和量化误差引起的,如图 3.5.4 所示。

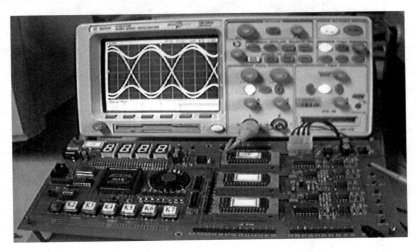

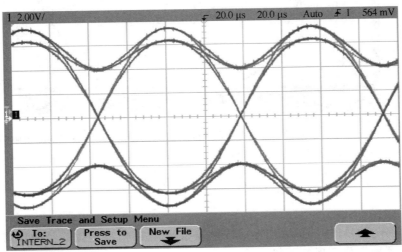

图 3.5.3　存储示波器观测余弦 cos Φ 波形经低通滤波器后的输出眼图

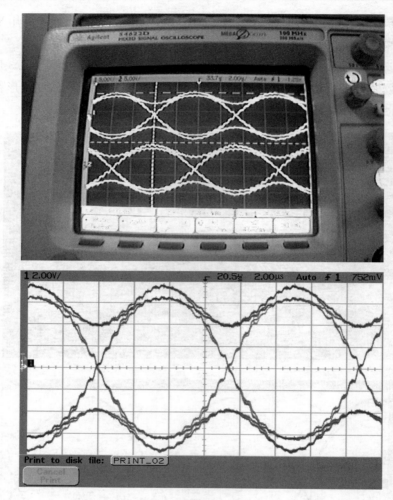

图 3.5.4　存储示波器观测包含高频分量和量化误差的 $\cos \Phi$ 波形的输出眼图

3.6　实验报告

1. 深入分析 GMSK 调制器工作原理,推导 GMSK 信号相位路径的计算公式,掌握 GMSK 调制器数字化实现的原理。

2. 用可编程器件实现地址逻辑的电路设计,仿真各点波形,分析地址逻辑关系。

3. 根据 GMSK 信号相位路径的计算公式,用计算机编程,得到相位路径的余弦及正弦码表。

4. 编程画出 $\cos \Phi(t)$ 及 $\sin \Phi(t)$ 波形的仿真眼图。

5. 写出实验心得体会及建议。

3.7　GMSK 调制器实验箱介绍

3.7.1　GMSK 调制器实验连接框图

GMSK 实验是以个人计算机为平台,采用电子设计自动化(Electronic Design Automatic,EDA)技术,配合 EDA 软件(MAX＋plus Ⅱ),从电路设计输入、软件仿真、下载验证、修改完善、芯片编程,一气呵成的实验方法,实验的硬件部分使用 GMSK 调制器系统实验箱,软件开发平台使用 ALTERA 公司 MAX＋plus Ⅱ开发环境,和实验系统连接如图 3.7.1 所示。

图 3.7.1　实验连接框图

3.7.2　实验箱组成

1. 实验箱原理框图

GMSK 实验系统由数字电路、模拟电路、电源等部分组成,既可由单电源 5 V 供电做 EDA 数字电路实验,亦可由直流±16 V 供电做模数混合系统实验,原理框图如图 3.7.2所示。

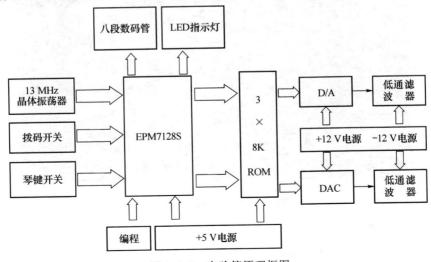

图 3.7.2　实验箱原理框图

数字部分由简单的输入/输出组件、ALTERA 公司的 CPLD、JTAG 标准接口、24 KB 存储器组成,是一个通用的 EDA 数字实验环境,可独立使用,开设同步、解码、记数、总线接口、串/并转换、信号发生器、频率计、时钟等实验,预留了单 5 V 电源供电插座,所有 I/O 均与 EPLD 管脚直接相连,操作极为简单、方便。

模拟部分包括两路双极性 10 位高速数模转换器和两路贝塞尔低通滤波器。

2. 实验箱设计资源

实验箱资源包括如下资源:

(1) ALTERA 公司的芯片 EPM7128S 一片;

(2) 5 个 7 段共阳 LED 数码管;

(3) 8 只 LED 逻辑状态指示灯;

(4) 7 个按键开关;

(5) 4 位拨码开关;

(6) 2 个时钟信号源;

(7) 扬声器 1 只;

(8) 编程插座:ISP 编程输入插座;

(9) 3×8 KB 存储器;

(10) 两路 10 位高速 DAC;

(11) 两路低通滤波器。

3. 实验箱外观结构

GMSK 实验系统为板式结构,装在手提实验箱内,可接 220 V 交流电,也可接直流 ±16 V 电源,其外观如图 3.7.3 所示。

图 3.7.3　GMSK 实验系统

4. 实验箱元件布局及说明

GMSK 实验系统元件布局如图 3.7.4 所示。

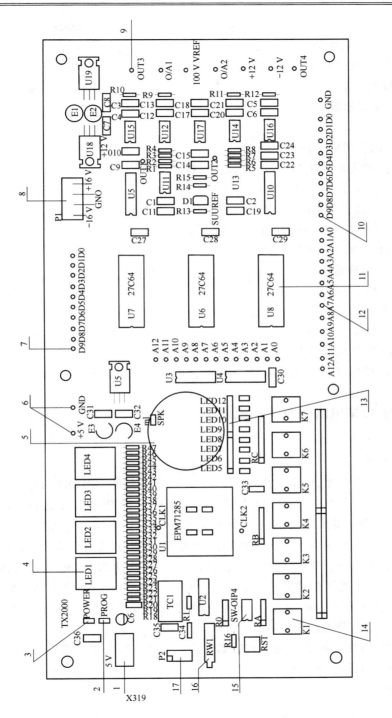

图3.7.4　GMSK实验系统元件布局框图

序号说明：

（1）5 V 电源引入端子；

（2）EPM7128 编程指示灯（器件编成时灯亮）；

（3）电源接通指示灯；

（4）7 段共阳显示器；

（5）喇叭；

（6）5 V 电源检测端子；

（7）I 信道 U7 U8（27C64）10 位数据检测端子；

（8）外接±16 V 直流电源插座；

（9）输出信号波形检测端子；

（10）Q 信道 U7 U8（27C64）10 位数据检测端子；

（11）27C64（28C64）8 KB 存储器；

（12）地址逻辑检测端子；

（13）LED 状态指示；

（14）按键输入；

（15）拨码开关；

（16）CLK2 时钟频率调节；

（17）JTAG 接口，EPLD（EPM7128）编程插座。

3.7.3　实验箱电路图及工作原理

1. 可编程器件

可编程器件使用一片 ALTERA 公司 MAX7000S 系列的 CPLD（Complex Programmable Logic Device）EPM7128SLC84 芯片，该器件基于 EEPROM 工艺技术，乘积项结构设计，提供有 8 个逻辑阵列块，共有 128 个宏单元（2 500 个可用门），68 个可用 I/O，6 个输出使能，2 个全局时钟，引脚到引脚的最短传输延迟 7 ns，具有可编程压摆率控制，多电压 I/O 接口能力，快速建立时间输入寄存器，具有可多次清除、烧录、延迟时间固定、容易使用等特点，具有边缘扫描及在线编程的特性，支持 JTAG 编程方式，借助于 ALTERA 公司的 EDA 开发工具 MAX＋plus Ⅱ软件可以设计任何电路（在某些限制下）。EPM7128SLC84 芯片管脚定义如图 3.7.5 所示。

图 3.7.5 中，编程管脚 TDI 为测试数据输入，TDO 为测试数据输出，TCK 为测试口同步时钟，TMS 为测试模式选择。

2. JTAG 接口

JTAG（Joint Test Action Group）是 IEEE 的联合测试行动小组所制定的器件测试标

准(IEEE1149.1-1990),用户可以用它来测试器件的逻辑和相互之间的连接,目前它是国际上最流行的 ICE 技术,众多芯片厂家都在自己的产品中加入 JTAG 接口,以便用户调试。因此可以用 JTAG 接口实现可编程器件的在线编程。

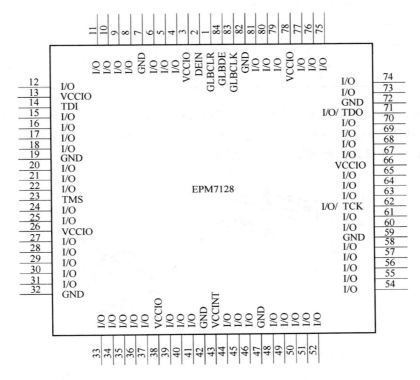

图 3.7.5　EPM7128SLC84 芯片管脚定义

MAX+plus Ⅱ开发软件支持多种在线下载方式,ByteBlaster 编程电缆提供了 JTAG 模式和 PS 模式两种下载方式,GMSK 通信系统采用 JTAG 方式,管脚定义如表 3.7.1 所示。

表 3.7.1　JTAG 下载电缆管脚定义

管脚	JTAG 模式		PS 模式	
	信号名称	信号描述	信号名称	信号描述
1	TCK	时钟信号	DCLK	时钟信号
2	GND	信号地	GND	信号地
3	TDO	设备输出数据	CONPIG_DONE	配置控制
4	VCC	电源	VCC	电源
5	TMS	JTAG 状态机控制	n CONPIG	组态控制
6	NC	悬空	NC	悬空

管脚	JTAG 模式		PS 模式	
	信号名称	信号描述	信号名称	信号描述
7	NC	悬空	ns TATUS	配置状态
8	NC	悬空	NC	悬空
9	TDI	设备输入数据	DA TAO	设备输入数据
10	GND	信号地	GND	信号地

　　MAX＋plusⅡ编译完成后生成目标文件,可以通过计算机并口经转换后与实验系统的 JTAG 插座相连,然后对 CPLD 进行编程。ByteBlaster 电缆与实验系统连接如图 3.7.6所示,转换电路原理图如图 3.7.7 所示。

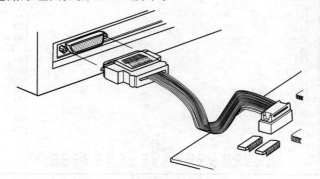

图 3.7.6　ByteBlaster 并口下载电缆与实验板连接方法图

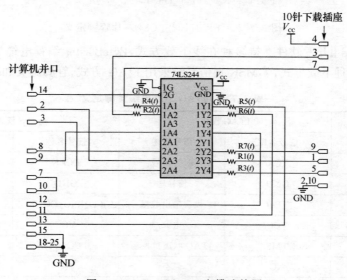

图 3.7.7　ByteBlaster 电缆连接图

3. 4 位七段 LED 显示

实验板可插接 4 个共阳 7 段高亮度数码管（LED11～LED14），阳极接＋5 V 直流电源，每个阴极管脚通过 1 kΩ 限流保护电阻分别接到 CPLD 管脚，占用 CPLD 器件 28 个 I/O，7 段显示器不用时，可作为普通 I/O 使用。其对应关系如表 3.7.2 所示。

表 3.7.2　EPLD 与 7 段 LED 数码管对应关系

LED	a	b	c	d	e	f	g
CPLD 管脚（LED1）	9	10	11	12	15	16	17
CPLD 管脚（LED2）	79	80	81	4	5	6	8
CPLD 管脚（LED3）	69	70	73	74	75	76	77
CPLD 管脚（LED4）	60	61	63	64	65	67	68

4. 逻辑状态指示灯

实验板接有 8 个高亮度 LED 发光二极管（D5～D12），作为逻辑状态指示，正极通过 1 kΩ 限流保护电阻分别接到＋5 V 直流电源，负极接 CPLD 管脚，占用 CPLD 器件 8 个 I/O，原理图如图 3.7.8 所示，其对应关系如表 3.7.3 所示。

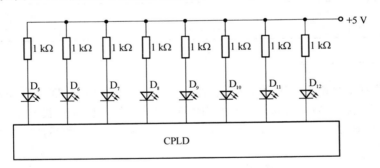

图 3.7.8　逻辑状态指示电路图

表 3.7.3　EPLD 与逻辑状态指示灯对应关系

元件代号	D_5	D_6	D_7	D_8	D_9	D_{10}	D_{11}	D_{12}
CPLD 管脚	50	51	52	54	55	56	57	58

5. 按键输入开关

实验板接有 8 个按键输入按钮（S_1～S_7、RST），按键一端接到 CPLD 管脚并通过 1 kΩ 上拉电阻接＋5 V 电源，另一端接地，所以 CPLD 管脚平时为高电平，按键压下时则为低电平，占用 CPLD 器件 8 个 I/O，原理图如图 3.7.9 所示，其对应关系如表 3.7.4 所示。

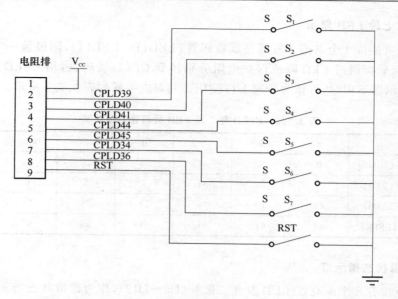

图 3.7.9　按键输入原理图

表 3.7.4　EPLD 管脚与按键开关对应关系

元件代号	S_1	S_2	S_3	S_4	S_5	S_6	S_7	RST
CPLD 管脚	39	40	41	44	45	34	36	1

6. 逻辑电平输入开关

实验板接有 1 个四位 DIP 拨码开关,拨码开关一端接到 CPLD 管脚并通过 1 kΩ 上拉电阻接 +5 V 电源,另一端接地,所以 CPLD 管脚平时为高电平,拨到 ON 时则为低电平,占用 CPLD 器件 4 个 I/O,原理图如图 3.7.10 所示,其对应关系如表 3.7.5 所示。

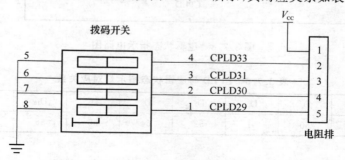

图 3.7.10　逻辑电平输入开关电路图

表 3.7.5　EPLD 管脚与逻辑电平输入开关对应关系

元件代号	S_1	S_2	S_3	S_4
CPLD 管脚	29	30	31	33

7. 预编码及产生 10 位地址码的电路预编码及产生 10 位地址码的电路如图 3.7.11 所示。

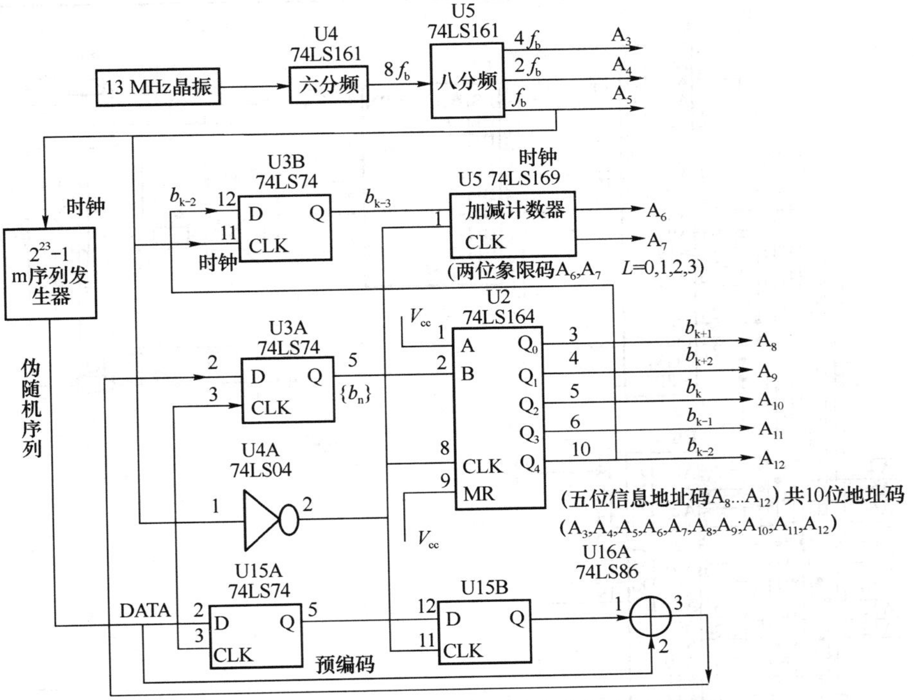

图 3.7.11　预编码及 10 位地址码产生电路原理图

8. 存储器

实验板上可插接 3 片 8 KB 的 ROM 存储器,可使用 27C64 或 28C64 芯片,存储器与 EPLD 连接管脚如表 3.7.6 所示。

表 3.7.6　EPLD 与存储器连接对应关系

代号	A_{12}	A_{11}	A_{10}	A_9	A_8	A_7	A_6	A_5	A_4	A_3
CPLD 管脚	46	68	67	65	64	63	61	60	49	48

9. 数/模转换电路

实验板设计了两路 10 位数模转换电路如图 3.7.12 所示,可将 ROM 存储器输出的数字信号转换成模拟信号,D/A 芯片采用 AD 公司的高速、低噪声、电流输出器件 AD7520,运算放大器将 D/A 输出的电流信号变换为双极性电压信号,最大输出幅度为 ±10 V。为平滑信号,可以采用如图 3.7.13 所示的低通滤波器进行滤波。

实验板设计了两路 6 阶低通滤波器如图 3.7.13 所示,将 D/A 输出的高频信号滤掉。

10. 时钟

时钟 CLK:13 MHz 从 83(全局时钟)脚引入。

扬声器 SPK:从 28 脚引出 。

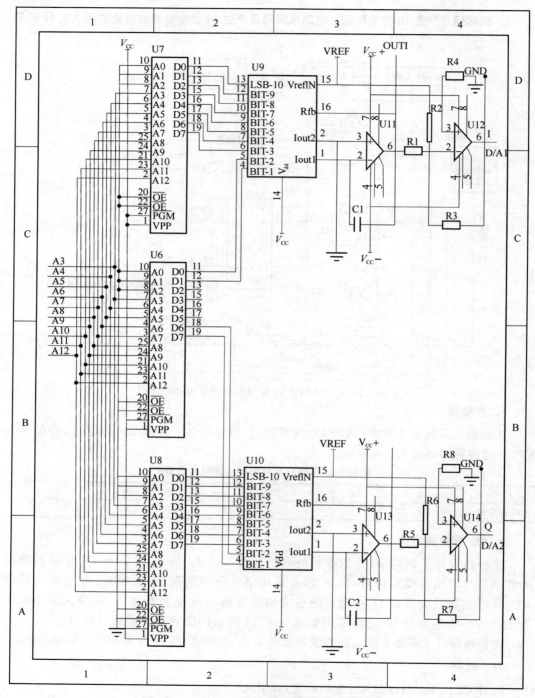

图 3.7.12　ROM 存储器、数模转换电路原理图

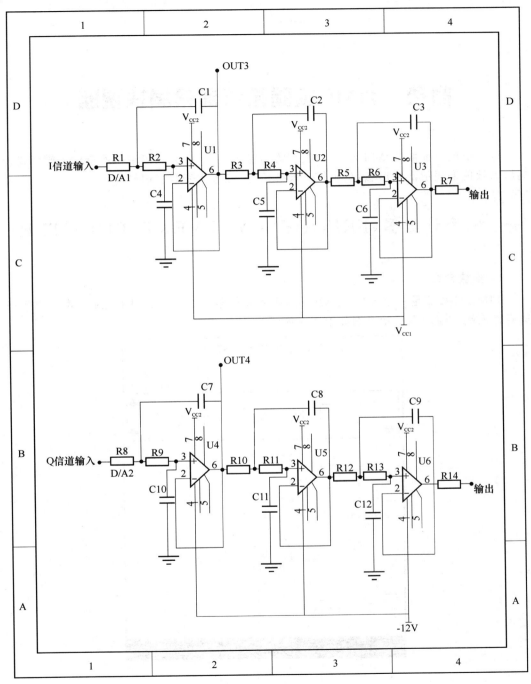

图 3.7.13　低通滤波器原理图

附录　TIMS 实验系统部分模块说明

每一个模块前面板结构均是:面板左边为输入端,右边为输出端。所有输入端和输出端都以颜色来表示信号形态:黄色代表模拟信号,红色代表数字信号。

一、频率计数器(FREQUENCY/ EVENT COUNTER)

1. 模块介绍

TIMS 计数器是一个 8 位 10 MHz 的频率和信号计数器。它具有模拟、数字和 TTL 选通输入端。模块面板示意图如附图 1 所示。

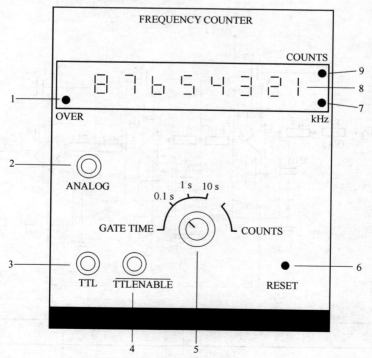

附图 1　频率计数器模块面板示意图

2. 模块板面及主要技术规范说明

（1）溢出指示 LED。

（2）模拟输入

带宽：$40\sim1\,\mathrm{MHz}$。

灵敏度：$100\,\mathrm{kHz}$ 下的典型值为 $250\,\mathrm{mV}$。

最大输入：$\pm12\,\mathrm{V}$。

（3）TTL 输入

带宽：从直流到 $10\,\mathrm{MHz}$。

输入：仅 TTL 电平信号有效。

（4）TTL 选通：可用于选通 TTL 输入信号，规格与 TTL 输入相同。

（5）模式和范围旋转开关

频率计数模式：门定时可选 $0.1\,\mathrm{s}$、$1\,\mathrm{s}$ 或 $10\,\mathrm{s}$，读数显示单位为 kHz。

信号计数模式：显示自上一次复位之后的脉冲计数值。

（6）复位按钮：重新设置信号计数器的计数值为 0。

（7）kHz LED：当处于频率计数器模式时该 LED 被点亮。

（8）8 位，7 段数码管显示频率或脉冲计数值；最大显示 99999999。

（9）计数 LED：当计数器处于信号计数器模式时该 LED 被点亮。

二、主信号发生器（MASTER　SIGNALS）

1. 模块介绍

有 5 种同步模拟或数字信号，频率范围为 $2\sim100\,\mathrm{kHz}$。每一信号的功能和频率都标注在该模块的前面板上。其前面板图和模块框图如附图 2 所示。

2. 模块使用介绍

（1）模块面板上所标注的信号说明

载波信号：$100\,\mathrm{kHz}$ 的正弦信号，目的是要产生一个频率远离音频信道带宽 $3\,\mathrm{kHz}$ 的载波信号。

采样时钟信号：$8.3\,\mathrm{kHz}$ 的 TTL 信号，用于采样带宽受限（$3\,\mathrm{kHz}$）的音频消息信号。

消息：$2.083\,\mathrm{kHz}$ 的模拟信号，提供一个与载波的分频信号同步的音频信号，可以实现教材中介绍的简单的调制方案。

（2）模块特点

• 5 种信号都由同一个主晶体振荡器产生，所以频率漂移很小。它们的频率是内在固定的,输出电平也是固定的。要改变信号的振幅,可以将其接到邻近的缓冲放大器上。

- 模拟信号是正弦型的,失真低于 0.1%。
- 数字信号都是标准的 TTL 电平,上升时间小于 80 ns。

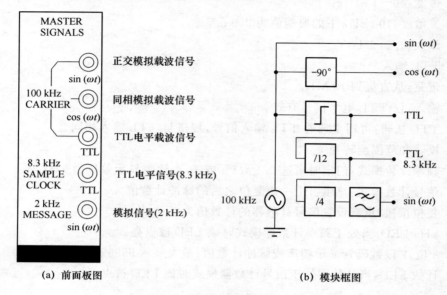

(a) 前面板图　　　　　　　　　　　　　　(b) 模块框图

附图 2　主信号前面板图和模块框图

3. 主要技术规范

输出频率:载频为 100 kHz;采样时钟为 8.333kHz;音频(载波分频)为2.083 kHz。

输出电平:模拟信号的峰-峰值为 4 V;数字信号为 TTL 电平。

失真:小于 0.1%(仅对模拟输出信号)。

4. 需注意的参数

短期频率稳定度、正交输出的相对相位、谐波含量。

三、耳机放大器和低通滤波器
(HEADPHONE AMPLIFIER AND LPF)

1. 模块介绍

耳机放大器是一个宽频带,增益可变的音频放大器,用于驱动标准的 8 Ω 耳机或扬声器。如果需要,可以在音频放大器之前接一个独立的 3 kHz 低通滤波器,并由低通滤波器的选择开关来控制其是否接入。其前面板图和模块框图如附图 3 所示。

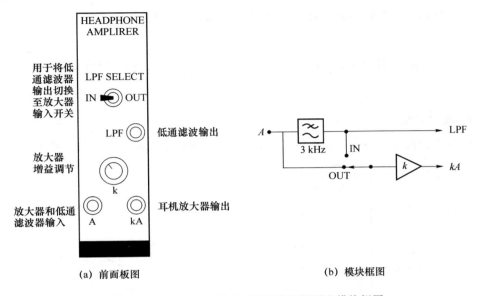

(a)　前面板图　　　　　　　　　　(b)　模块框图

附图 3　耳机放大器和低通滤波器前面板图和模块框图

2. 模块使用介绍

这一模块用做系统内部音频信号和用户之间的电/声转换接口。耳机放大器模块内部包括一个独立的、具有 5 阶椭圆特性的低通滤波器。滤波器截止频率为 3 kHz,阻带衰减为 50 dB,通带起伏为 0.2 dB。

3. 主要技术规范

(1) 音频放大器

带宽:小于 100 kHz。

总谐波失真(THD):0.2%($R_1=8\,\Omega$, $P=125\,\mathrm{mW}$)。

最大增益:20。

最大输出功率:500 mW。

输出阻抗:8 Ω。

(2) 低通滤波器

截止频率:3 kHz。

阻带衰减:50 dB。

通带增益:约为 1。

通带起伏:0.2 dB。

4. 需注意的参数

滤波器拐点、滤波器形状、通带起伏、带外衰减、放大器失真。

四、缓冲放大器(BUFFER AMPLIFIER)

1. 模块介绍

提供两个独立的增益可变的放大器,其前面板图和模块框图如附图 4 所示。

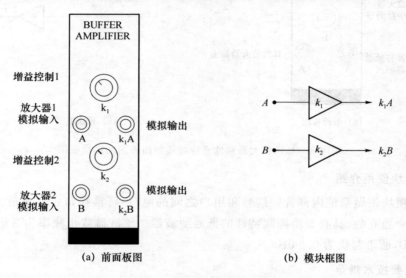

(a) 前面板图　　　　　　　　(b) 模块框图

附图 4　缓冲放大器前面板图和模块框图

2. 模块使用介绍

缓冲放大器可以用于放大小信号或衰减大信号,每个放大器在前面板上都有相应的增益控制旋钮。

请注意:要确保后级模块不会因为过度放大而过载。过载不会导致任何损坏,但意味着非线性操作,这在模拟系统中是应该避免的。如果发生过载,则逆时针旋转增益控制旋钮。

3. 主要技术规范

带宽:从直流至大约 1 MHz。

增益:0~10。

五、可变直流电源(VARIABLE　DC)

1. 模块介绍

可变直流电源模块是一个稳定的正、负极性的直流电源。其前面板图和模块框图如附图 5 所示。

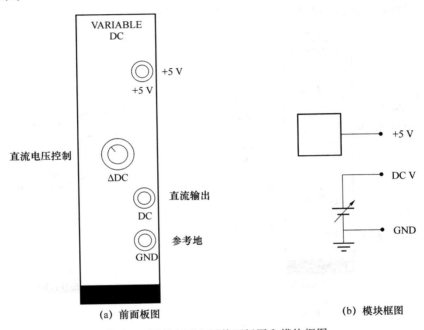

(a) 前面板图　　　　　　　　　　(b) 模块框图

附图 5　可变直流电源前面板图和模块框图

2. 模块使用介绍

- 直流电压输出范围从 -2.5 V(直流电压控制钮逆时针旋转到头)到 $+2.5$ V(直流电压控制钮顺时针旋转到头)。
- 如果需要更好的分辨率或更大的可变范围,可以将一个缓冲放大器与可变直流电源模块相连。

3. 主要技术规范

电压范围:± 2.5 V 直流。

短时稳定度:小于 2 mV/h。

分辨率:大约 20 mV。

输出电流:小于 5 mA。

六、示波器显示选择器（SCOPE SELECTOR）

1. 模块介绍

示波器选择器可以在双通道示波器上同时观察 4 个不同信号中的 2 个。标着"TRIG"的第 3 路输入用于连接触发信号到示波器的外部触发输入端上。

示波器选择器前面板图和模块框图如附图 6 所示。

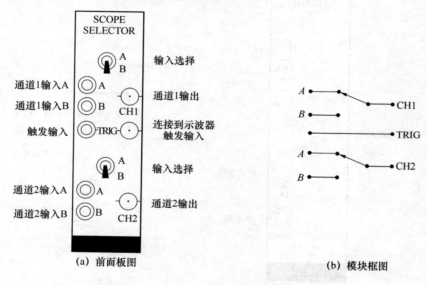

（a）前面板图   （b）模块框图

附图 6   示波器选择器前面板图和模块框图

2. 模块使用介绍

- 通过同轴电缆插座连接到示波器。
- 输入为标准的 4 mm 插座。
- 尽管输入插座是黄色（模拟）的，但不管是模拟信号还是数字信号都可以被检测。

七、干线汇聚板（TRUNKS PANEL）

1. 模块介绍

干线汇聚板为信号提供入口和出口，这些信号在可选 TIMS 总线网络中传送。3 个输出 SIGNAL1，SIGNAL2 和 SIGNAL3 代表了来自主系统的信号。IN 和 OUT 端口允许从相邻 TIMS 系统中接收到信号,也允许信号发送到相邻 TIMS 系统中去。其前面板图如附图 7 所示。

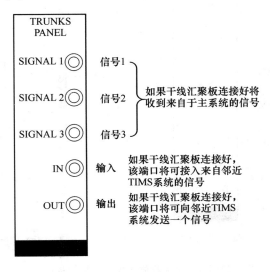

附图 7　干线汇聚板前面板图

2. 模块使用介绍

- 请注意,干线汇聚板是一个模块,它在端口的颜色和排列习惯方面都不同于 TIMS 的前面板。
- 尽管输入和输出端口是黄色的(模拟),但是这里模拟信号和数字信号都可以使用这些端口。同时,信号输入端口和可把信号发送到邻近 TIMS 系统的输出端口都是在右侧。

3. 安装了 TIMS 干线后的基本规格

3 个主信道:信号 1,信号 2,信号 3。

主信道带宽:700 kHz(典型值)交流耦合。

2 个本地信道:IN 端口接收来自邻近 TIMS 系统 OUT 端口的信号。

OUT 端口可提供发送到邻接 TIMS 系统 IN 端口的信号。

本地信道带宽:350 kHz(典型值)交流耦合。

八、加法器(ADDER)

1. 模块介绍

两个模拟输入信号 $A(t)$ 和 $B(t)$ 可以用可调整的比例 G 和 g 加在一起,且反相。加出来的结果出现在输出端。其前面板图和模块框图如附图 8 所示。

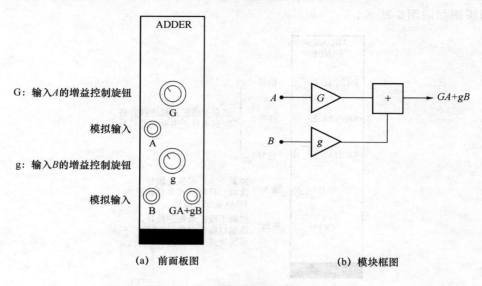

(a) 前面板图　　　　　　　　　　(b) 模块框图

附图 8　加法器前面板图和模块框图

2. 模块使用介绍

- 当调节增益时一定要多加小心,避免使后续模块过载。过载虽然不会造成任何损坏,但是这意味着非线性操作,而非线性操作在模拟系统中应该尽量避免。加法器的标准电平输入为峰-峰值 4 V,在超过此标准参考值后,加法器仍有能力提供一个良好的信号。

- 如果只使用一个输入,将另一个输入的增益旋钮调到最小,加法器便成为了一个普通的放大器。没有用到的输入端无须接地。

- 请注意:增益 G 和 g 是负数(倒相)。所有的输入和输出都是直流耦合的。

3. 主要技术规范

增益范围:$0<|G|<2$;$0<|g|<2$。

带宽:大约 1 MHz。

输出直流偏移量:开路输入时小于 10 mV。

4. 需注意的参数

最大输出值、线性、极性翻转、相位偏移。

九、音频振荡器(AUDIO OSCILLATOR)

1. 模块介绍

音频振荡器是一个低失真的、频率可调的正弦波信号源,频率范围为 $500 \sim 10\,kHz$。提供 3 个输出端口,其中两个输出是正弦波,并且它们的信号是正交的。第 3 个输出是一个数字 TTL 电平信号。其前面板图和模块框图如附图 9 所示。

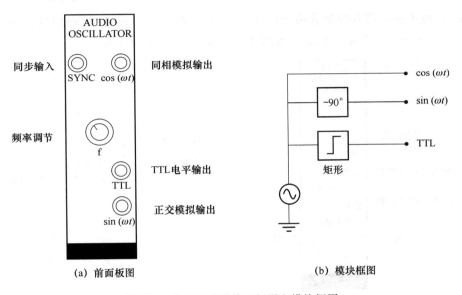

(a) 前面板图　　　　　　　　(b) 模块框图

附图 9　音频振荡器前面板图和模块框图

2. 模块使用介绍

- 3 个输出端口中的每个端口的频率都是相同的,随着前面板 f 的控制而变化。同相和正交的模拟输出信号幅度固定。它们的形状是正弦波,并且失真率小于 0.1%。
- 将一个外部的周期信号连在音频振荡器的前面板 SYNC 输入上,音频振荡器即可和这个信号同步。峰值大约为 1 V 的信号足以完成上述工作。为了达到同步,必须手动将音频振荡器的频率调到同步所需频率的百分之几的范围内。

3. 主要技术规范

频率范围:$500\,Hz \sim 10\,kHz$。
模拟输出电平:峰-峰值为 4 V。
失真率:小于 0.1%(仅对模拟输出)。
数字输出:TTL 电平。

4. 需注意的参数

频率范围、输出的相对相位、在频率范围内的幅度稳定性、谐波分量、短期的稳定性、同步特性。

十、双模拟开关（DUAL ANALOG SWITCH）

1. 模块介绍

TTL 电平数字信号控制着两个同样的模拟开关。两个开关的输出信号在内部相加并输出于模块的 OUT 端。其前面板图和模块框图如附图 10 所示。

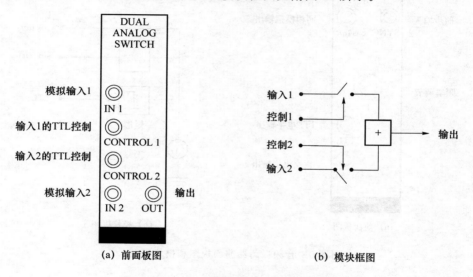

(a) 前面板图　　　　　　　(b) 模块框图

附图 10　双模拟开关前面板图和模块框图

2. 模块使用介绍

- 在各自的控制输入端，通过 TTL 高电平可以独立地闭合每个模拟开关；
- 开关的输出在内部被相加，在公共的输出端输出；
- 当一开关闭合，另一开关断开时，每一个接通的输入和模块输出端之间的电压增益是相同的。

3. 主要技术规范

模拟输入带宽：大于 300 kHz。

最大控制时钟速率：大于 100 kHz。

控制输入电平：仅仅 TTL。

最大模拟输入电平：＋8 V。

4. 需注意的参数

开关的开/关比率、线性、开关速率、模拟带宽、信道串话、直流偏移量。

十一、乘法器（MULTIPLIER）

1. 模块介绍

通过该模块两个模拟输入信号 $X(t)$ 和 $Y(t)$ 可以相乘在一起。以标准电平输入，得到的乘积结果会再自动乘上一个大约为 1/2 的因数，以免后续电路过载。其前面板图和模块框图如附图 11 所示。

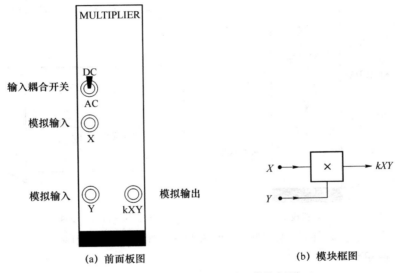

(a) 前面板图　　　　　　(b) 模块框图

附图 11　乘法器前面板图和模块框图

2. 模块使用介绍

- 输入耦合开关的作用是：通过将开关指向 AC 耦合，可以移除输入的直流成分。应当注意：任何直流成分在输出端都不会被移除的。
- 因数 k 大约为 1/2。它是根据模块的输出端来定义的，并且可以通过实验测得。

3. 主要技术规范

带宽：大约 1 MHz。

特性：$kX(t)Y(t)$。

k：大约为 1/2。

4. 需注意的参数

线性参数 k、载漏相位响应、直流偏移量、频率响应、作为一个调制（解调）器的变换增益。

十二、移相器（PHASE SHIFTER）

1. 模块介绍

模拟信号由 IN 输入，产生一个相移后由输出端 OUT 输出。如果输入信号是 $\cos(\omega_c t)$，则输出为 $\cos(\omega_c t - \Phi)$，Φ 位于 $0°$ 和 $180°$ 之间。其前面板图、模块框图及印刷电路板视图如附图 12 所示。

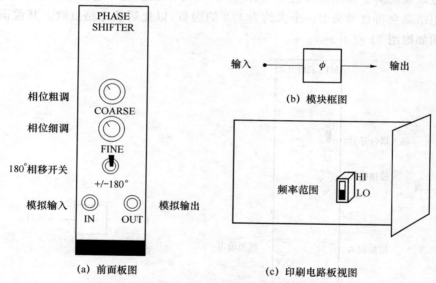

附图 12　移相器前面板、模块框图和印刷电路板视图

2. 模块使用介绍

相移大小可通过前面板上的"COARSE"相位粗调和"FINE"相位细调旋钮调节，若要得到 $180°$ 相移，则拨动"$+/-180°$"相移开关。通过这两个旋钮及开关的配合，相移的总和可达到 $360°$。输入信号的频率一般设定在两个频率点附近：一是 HI 段，大约 $100\ \mathrm{kHz}$；另一是 LO 段，大约 $2\ \mathrm{kHz}$。使用移相器时，要根据输入信号频率的大小正确选择频率开关的位置。此开关设置在印刷电路板上，调整时需将板卡从 TIMS 插槽中拔出。

3. 主要技术规范

带　　宽：$<1\ \mathrm{MHz}$。

频率范围：HI$\approx100\ \mathrm{kHz}$；LO$\approx2\ \mathrm{kHz}$。

粗　　调：约 $180°$ 相移。

细　　调：约 $20°$ 相移。

4. 需注意的参数

随频率变化的相位变量。

十三、正交分相器(QUADRATURE PHASE SPLITTER)

1. 模块介绍

利用正交分相器模块可产生两个正交的模拟信号。其前面板图和模块框图如附图13所示。

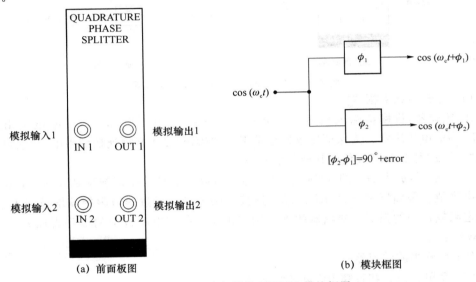

(a) 前面板图　　　　　　　　　　　　　(b) 模块框图

附图 13　正交分相器前面板图和模块框图

2. 模块使用介绍

一个模拟信号同时送入正交分相器的两个输入端 IN1 和 IN2,两个输出端 OUT1 和 OUT2 信号的相移将会有 90°的相位差。

3. 主要技术规范

典型频率范围:200 Hz～10 kHz。

相位响应:输出端相移相差 90°。

十四、公用模块(UTILITIES MODULE)

1. 模块介绍

公用模块含有 4 个独立的功能模块。其前面板图和模块框图如附图 14 所示。

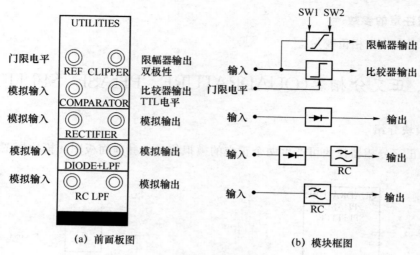

附图 14　公用模块前面板图和模块框图

（1）比较器和限幅器

① 比较器:将模拟输入信号整形并输出一个标准的 TTL 信号,门限电平由加到"REF"端的电压决定。为保证比较器正常工作,"REF"输入必须连接门限电平,它可以连接到"地"或"可变 DC"或任何其他的信号源。

② 限幅器:放大输入的 TIMS 模拟信号并将放大信号的振幅削减到大约±1.8 V 的固定电平值。限幅器工作时"REF"端不连接门限电平。通过调节限幅器增益的大小,可以决定限幅作用的强弱。限幅器的增益调节由位于印刷电路板上的双列直插开关 SW1 和 SW2 控制。

（2）精确半波整流器。

（3）简单二极管和音频 RC 低通滤波器。

（4）音频 RC 低通滤波器。

附表 1 列出了双列直插式开关的排列方式与限幅器增益和限幅作用强弱的关系。

附表 1　双列直插式开关的排列方式与限幅增益和限幅作用强弱的关系

限幅作用	增益（大约值）	双列直插开关设置	
		SW1(a-b)	SW2(a-b)
弱	×0.8	开-开	关-关
中等	×8	关-关	关-关
强	×40	关-关	开-开
-	无应用	开-开	开-开

2. 主要技术规范

① 比较器

工作范围:大于 500 kHz。

TTL 输出上升时间:100 ns。

② 限幅器

工作范围:大于 500 kHz。

输出电平：±1.8 V；

可调增益:×0.8,×8,×40。

③ 整流器

带宽:DC 至 500 kHz(大约)。

④ 二极管和低通

LPF ,−3dB,2.8 kHz(大约)。

⑤ RC 低通

LPF,−3dB,2.8 kHz(大约)。

十五、序列码发生器(SEQUENCE GENERATOR)

1. 模块介绍

用一个公共的外部时钟信号,可输出两组独立的伪随机序列 X 和 Y。SYNC 端口输出同步信号,它标志伪随机序列的开始。其前面板图和模块框图如附图 15 所示。

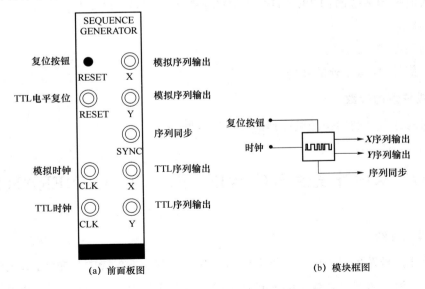

(a) 前面板图　　　　　(b) 模块框图

附图 15　序列码发生器前面板图和模块框图

2. 模块使用介绍

外接时钟信号可以用正弦信号或 TTL 信号,需对应的接入于数字时钟信号插孔或模拟时钟信号插孔。在输出端输出两组独立的伪随机序列 X 和 Y,序列 X 和 Y 可以是标准 TTL 电平或者是模拟信号。序列信号可在任何时刻经由前面板的控制而停止或重新开始。按下RESET按钮或将一个 TTL 高电平信号接入RESET输入端,就会使序列输出停止。松开 RESET 按钮或加一个 TTL 低电平信号到 RESET 输入端,将重新开始序列信号输出。序列的长度可由印刷电路板上的双列直插开关选择。可产生 4 个独立的序列对,长度分别为:2^5、2^8、2^8、2^{11}。序列选择如附表 2 所示。

附表 2　序列选择

双列直插开关编码		n	序列长度 2^n
msb 0	0	5	32
0	1	8	256
1	0	8	256
1	1	11	2 048

注:msb 为最高有效位。

3. 主要技术规范

输入时钟频率范围:TTL 1 Hz～1 MHz;模拟 500 Hz～10 kHz。

序列数:4 对。

序列长度:2^5、2^8、2^8、2^{11}。

同步信号:标志序列的开始。

4. 需注意的参数

序列的分布和利用伪随机序列的噪声发生器。

十六、双脉冲发生器(TWIN PULSE GENERATOR)

1. 模块介绍

双脉冲信号发生器产生两个等宽度的正脉冲信号。有"TWIN"和"SINGLE"两种工作模式。可通过印刷电路板上的模式开关(MODE)来选择。其前面板图、模块框图和时序图如附图 16 所示。

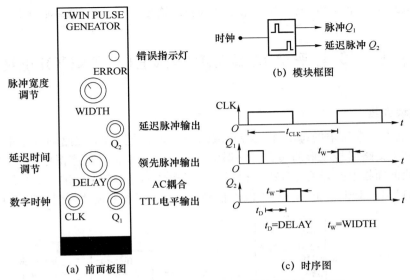

附图16　双脉冲发生器前面板图、模块框图和时序图

2. 模块使用介绍

（1）"TWIN"模式

在时钟信号的每一个上升沿，产生两个等宽度的正脉冲信号。Q_1 端输出领先脉冲，Q_2 输出延迟脉冲。两个脉冲的宽度由前面板上的"WIDTH"旋钮调节，"DELAY"旋钮用来改变两个脉冲之间的延迟时间。如果"WIDTH"和"DELAY"设置得不正确，即当 $2t_W + t_D > t_{CLK}$ 时，前面板上的发光二极管"ERROR"将亮起来，提示出现了错误操作。这时逆时针旋转"WIDTH"和"DELAY"，使它们的数值减小，"ERROR"就会熄灭。

（2）"SINGLE"模式

在时钟信号的每一个上升沿，产生一个等宽度的正脉冲信号 Q_1，脉冲宽度由前面板上的"WIDTH"旋钮控制，并同时产生一个 Q_1 的非信号 Q_2。"DELAY"旋钮在这一模式中没有使用。

3. 主要技术规范

（1）"TWIN"模式

时钟频率范围：小于 50 kHz。

脉冲宽度：$3\,\mu s < t_W < 25\,\mu s$。

脉冲延迟时间 $Q_2 - Q_1$：$10\,s < t_D < 120\,s$。

出错标志：$2t_W + t_D > t_{CLK}$。

（2）"SINGLE"模式

时钟频率范围：小于 200 kHz。

脉冲宽度：$3\,s < t_W < 25\,s$。

注意:Q_1 是一个 TTL 电平和一个 AC 耦合的输出脉冲。Q_2 是一个 TTL 电平。

十七、多电平编码器(M-LEVEL ENCODER)

1. 模块介绍

TTL 电平数据流中的每 L 个比特被编码为一对 q 支路和 i 支路的多电平基带信号。这一对 q 和 i 支路信号波形的集合可映射为信号空间图或信号星座图中的 2^L 个点。

由模块前面板上的开关可选择六种不同编码形式的基带信号,用它来产生:4-QAM、8-QAM、16-QAM、4-PSK、8-PSK 和 16-PSK 信号。其前面板图和模块框图如附图 17 所示。

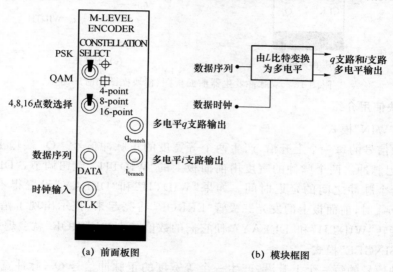

(a) 前面板图   (b) 模块框图

附图 17   多电平编码器前面板图和模块框图

2. 模块使用介绍

本模块有两种工作模式。常规模式(NORM)和演示模式(DEMO)。可通过印刷电路板上的跳线 J3 来设置模块工作模式。

常规模式提供了模块的所有功能操作。在这种模式下需要输入数据信号(DATA)和时钟信号(CLK)。

演示模式下模块的功能仅用于模块的自测和演示允许迅速建立示波器的星座显示。只需输入时钟信号,而不需输入数据信号。

提示:在常规模式下,需有两个 TTL 电平信号作为输入信号、数据序列(DATA)和时钟输入(CLK)。当输入的信号是一个逻辑高电平时(按下序列发生器的复位旋钮),根据所选星座的不同,多电平编码器模块的输出仅显示 11,111 或 1111,有助于观察星座的正确定位。

依据前面板上的两个开关,星座可按照附表 3 和附表 4 选择,星座图如附图 18 所示。

<table>
<tr><td colspan="3" align="center">附表 3 M-PSK 星座选择</td></tr>
<tr><td colspan="2">前面板开关</td><td rowspan="2">星座选择</td></tr>
<tr><td>上端开关</td><td>下端开关</td></tr>
<tr><td rowspan="3"></td><td>4-point</td><td>4-PSK</td></tr>
<tr><td>8-point</td><td>8-PSK</td></tr>
<tr><td>16-point</td><td>16-PSK</td></tr>
</table>

<table>
<tr><td colspan="3" align="center">附表 4 M-QAM 星座选择</td></tr>
<tr><td colspan="2">前面板开关</td><td rowspan="2">星座选择</td></tr>
<tr><td>上端开关</td><td>下端开关</td></tr>
<tr><td rowspan="3"></td><td>4-point</td><td>4-QAM</td></tr>
<tr><td>8-point</td><td>8-QAM</td></tr>
<tr><td>16-point</td><td>16-QAM</td></tr>
</table>

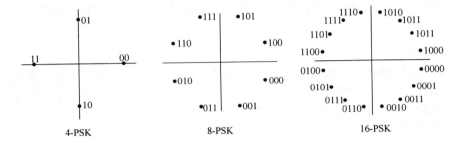

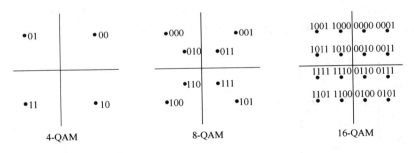

附图 18   M-PSK 和 M-QAM 信号空间图(Grey 编码)

输出信号是两个多电平模拟信号,标志为 q 和 i。依据前面板上的调制方式选择开关,所输出的多电平的具体数值参考附表 5 和附表 6。i,q 信号的峰-峰值是 ± 2.5 V。

<table>
<tr><td colspan="3" align="center">附表 5 M-PSK 星座电平数设置表</td></tr>
<tr><td colspan="2">前面板开关</td><td rowspan="2">i,q 的多电平数</td></tr>
<tr><td>上端开关</td><td>下端开关</td></tr>
<tr><td rowspan="3"></td><td>4-point</td><td>3</td></tr>
<tr><td>8-point</td><td>4</td></tr>
<tr><td>16-point</td><td>8</td></tr>
</table>

<table>
<tr><td colspan="3" align="center">附表 6 M-QAM 星座电平数设置表</td></tr>
<tr><td colspan="2">前面板开关</td><td rowspan="2">i,q 的多电平数</td></tr>
<tr><td>上端开关</td><td>下端开关</td></tr>
<tr><td rowspan="3"></td><td>4-point</td><td>2</td></tr>
<tr><td>8-point</td><td>4</td></tr>
<tr><td>16-point</td><td>14</td></tr>
</table>

3. 主要技术规范

数据输入:连续的 TTL 电平。

时钟输入:小于 10 kHz TTL 电平。

操作模式:由印刷电路板上的跳线选择;NORM 将输入的数据信号转换成多电平信号对 i 和 q;DEMO 仅用于测试和显示星座。

星座选择:由前面板上的开关选择。

i 和 q 输出:依据所选星座,输出 2,3,4 或 8 电平,峰-峰值为 ± 2.5 V。

十八、多电平译码器(M-LEVEL DECODER)

1. 模块介绍

在多电平译码器中,对输入的多电平编码器产生的每一对 q 和 i 支路的多电平基带信号进行采样,并译码为相应的 L 比特码组,恢复二进制数据流,输出数据同步于输入的比特钟。对输入的 q 和 i 支路信号采样时,其采样点的采样标志在示波器上显示,由使用者决定采样时刻。

本模块有 7 种不同的译码方式,其中 6 种是标准工作模式由前面板开关选择。4-QAM、8-QAM、16-QAM、4-PSK、8-PSK 和 16-PSK,第 7 种方式是 BPSK,是本模块一种特殊的工作模式。其前面板图和模块框图如附图 19 所示。

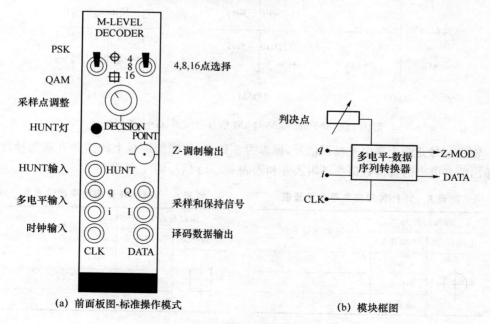

(a) 前面板图-标准操作模式 (b) 模块框图

附图 19 多电平解码器前面板图和模块框图

2. 模块使用介绍

在标准模式下,只要将板卡插入 TIMS 的插槽并在前面板上设置译码方式即可。

在标准模式下需有 3 个输入信号:多电平编码 q,i 信号和时钟信号。输入 q,i 信号振幅的峰-峰值保持在 +2.5 V,使译码器工作在最佳状态。时钟信号是 TTL 电平信号,它必须同步于输入的信号,它的频率必须是输入数据的比特钟速率。为了使实验简单易行,通常让多电平编码器和多电平解码器这两个模块使用相同的时钟信号。例如,多电平编码器模块用主信号模块中的 8.3 kHz 的 TTL 电平信号作为它的时钟信号,将这个8.3 kHz 的 TTL 电平信号也作为多电平解码模块的时钟信号。印刷电路板上的频率范围设置(RANGE)必须与输入的时钟频率相匹配,当时钟频率低于 4 kHz 时,将 RANGE跳线设置为 LO ,当时钟频率高于 4 kHz 时,将 RANGE 跳线设置为 HI。

附表 7 和附表 8 分别列出了标准模式下 6 种译码方式的选择方法。

<table>
<tr><th colspan="3">附表 7　PSK 星座选择</th></tr>
<tr><th colspan="2">前面板开关</th><th rowspan="2">星座选择</th></tr>
<tr><th>左端开关</th><th>右端开关</th></tr>
<tr><td rowspan="3">⊕</td><td>4-point</td><td>4-PSK</td></tr>
<tr><td>8-point</td><td>8-PSK</td></tr>
<tr><td>16-point</td><td>16-PSK</td></tr>
</table>

<table>
<tr><th colspan="3">附表 8　QAM 星座选择</th></tr>
<tr><th colspan="2">前面板开关</th><th rowspan="2">星座选择</th></tr>
<tr><th>左端开关</th><th>右端开关</th></tr>
<tr><td rowspan="3">⊞</td><td>4-point</td><td>4-QAM</td></tr>
<tr><td>8-point</td><td>8-QAM</td></tr>
<tr><td>16-point</td><td>16-QAM</td></tr>
</table>

标准模式下判决点的控制。判决点是输入的 q,i 信号在模块内被采样的点。在采样时刻,译码器对信号进行采样判决。q,i 信号被同时采样。

译码器的采样门限值依据调制方式的不同而不同,6 种预置的采样门限如附图 20 所示。每种调制方式的采样门限的值是固定的并且不能被用户所改变。

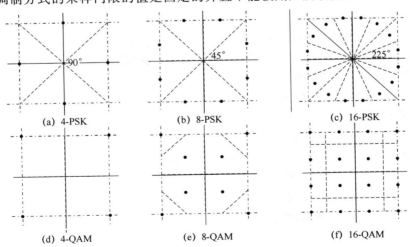

注:点虚线代表±2.5 V 最佳译码振幅极限。虚线代表采样门限。

附图 20　M-PSK 和 M-QAM 信号空间图

用户可由前面板的 DECISION POINT 控制钮和 HUNT 按钮（HUNT 输入）来改变采样时刻。Z-modulation 输出经示波器通道显示为一组采样脉冲,或者连接到示波器的 Z-modulation 输入,此时若输入 q,i 信号被显示在示波器上,那么采样时刻则在示波器上显示为一个亮点。

在标准操作模式下,HUNT LED(HUNT 发光二极管)用来确定 HUNT 按键被按下或者在 HUNT 端输入了一个有效的信号。正常情况下,HUNT LED 是灭的,直到按钮被按下。当 DATA 输出信号无效或选择了不同的采样区域时,HUNT LED 也被点亮。

（1）特殊工作模式——BPSK 解调模式

特殊工作模式仅用于 BPSK 信号的解调,遵循下列操作步骤：

① 从 TIMS 机箱插槽中拔出多电平解码模块;

② 按下 HUNT 按钮并使之保持在被按下的状态,然后将模块插入板槽;

③ 确定发光二极管 HUNT LED 立即慢速持续地开始闪烁(大约每秒钟闪烁一次)。

（2）慢速规则的闪烁显示多电平解码模块处于特殊操作模式

BPSK 工作需要两个输入信号,双极性基带信号 i 和数据时钟信号。q 信号没有被使用。同标准模式一样,位于印刷电路板上的频率选择跳线 RANGE 也必须与输入的时钟频率相匹配。在 BPSK 模式下,前面板上的两个调制方式选择开关不使用。HUNT 输入和 HUNT 按键在 BPSK 模式下也不使用。

HUNT LED 缓慢地、规律地闪烁,表示多电平解码模块是在 BPSK 模式下工作。

3. 主要技术规范

i 和 q 输入：依据调制方式选择 2,3,4,8 电平,峰-峰值为 ±2.5 V。

时钟信号输入：大于 10 kHz, TTL 电平,与输入数据同步。

数据信号输出：连续的解码数据比特流,TTL 电平。

I,Q 输出：对输入信号的采样保持,带有偏移量。

HUNT Input：TTL 电平正沿。

HUNT LED：有 3 种功能。

① 缓慢、规律地闪烁表示处于 BPSK 工作模式。

② 亮,确定 HUNT 功能被激活。

③ 表示输出数据信号无效。

Z-MODULATION 脉宽：典型值 2 μs。

十九、压控振荡器(VCO)

1. 模块介绍

压控振荡器模块有两个功能。模拟电压输入于 VCO 压控振荡器,TTL 电平输入于 FSK 发生器。由一个安装在印刷电路板上的拨动开关来选择是处于 FSK 模式或者是 VCO 模式。其前面板图、模块框图和印刷电路板视图如附图 21 所示。

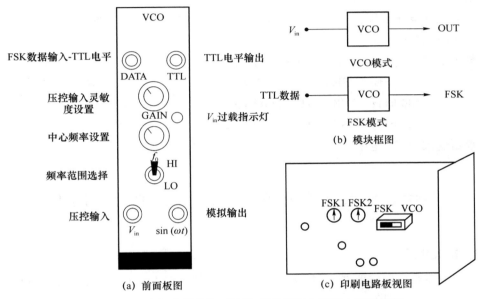

附图 21　压控振荡器的前面板图、模块框图和印刷电路板视图

2. 模块使用介绍

在 VCO 模式下,输出频率由一个直流电压控制。中心频率 f_0 被定义为 VCO 的输出频率。它可以通过旋转 f_0 旋钮来改变。通过调节前面板上的旋钮 GAIN,可以放大 V_{in}。当没有信号加到 V_{in} 时,V_{in} 被内部接地。

当被放大的 V_{in} 与中心频率直流偏移量的和超过振荡器的操作极限时。V_{in} 过载二极管 LED 被点亮。使之熄灭的办法是减小 GAIN 或改变中心频率 f_0。前面板上还有一个频率范围选择开关,拨到 HI 为载波波段,拨到 LO 是音频波段。

FSK 模式下,有两种输出频率 FSK1 和 FSK2,由设置在印刷电路板上的可调电阻调节控制。频率范围选择开关与 VCO 模式一样,拨到 HI 为载波波段,拨到 LO 是音频波段。数据输入信号只能是 TTL 电平。输出有正弦和数字两种输出。GAIN 及 f_0 旋钮、压控输入 V_{in} 在 FSK 模式没有使用。

3. 主要技术规范

① VCO 模式

频率范围:1.5 kHz＜LO＜17 kHz,正弦和 TTL;外部输入电压 V_{in} 的频率＜300 Hz;

　　　　70 kHz＜HI＜130 kHz,正弦和 TTL。

输入电压:－3 V＜V_{in}＜3 V。

超载标志灯 LED:V_{vco}＞±3 V;

　　　　　　V_{vco} 是最终加载到 VCO 电路上的内部电压。

增益 $G.V_{in}$:1＜G＜2。

中心频率电压范围:－3 V＜V_{fc}＜3 V;V_{fc} 是由内部加到 $G.V_{in}$ 的直流电压。

② FSK 模式

频率范围:1.5 kHz＜FSK1,LO＜9 kHz;

　　　　500 Hz＜FSK2,LO＜4 kHz;

　　　　80 kHz＜FSK1,HI＜200 kHz;

　　　　20 kHz＜FSK2,HI＜120 kHz。

数据输入:TTL 电平。

二十、可调低通滤波器(TUNEABLE LPF)

1. 模块介绍

该滤波器是椭圆滤波器,衰减带衰减 50 dB,通带纹波大约 0.5 dB。其前面板图和模块框图如附图 22 所示。

2. 模块使用介绍

低通滤波器的截止频率通过 TUNE 旋钮来控制。经由前面板上的开关,可以选择"WIDE"或"NORMAL"这两个频率范围。NORMAL 是音频带较精确的滤波,WIDE 使滤波器的频率范围扩展到 10 kHz 以上。GAIN 旋钮用来改变输出信号振幅的大小,但是要注意避免使信号过载。时钟输出标志了滤波器的截止频率。

3. 主要技术规范

本模块根据滤波范围和输入信号的不同,有 V_1、V_3 和 V_4 两种指标。

(1) V_1,V_3 的指标

滤波范围:900 Hz＜NORMAL＜5 kHz;

　　　　2.0 kHz＜WIDE＜12 kHz;

每一范围都是连续可变的。

滤波器阶数:7阶椭圆函数滤波器。

衰减带衰减:大于50 dB。

通带纹波:小于0.5 dB。

时钟:CLK/880＝$f_{-3\,dB}$,NORMAL;

CLK/360＝$f_{-3\,dB}$,WIDE。

(2) V_4的基本指标

滤波范围:200 Hz＜NORMAL＜5 kHz;

200 Hz＜WIDE＜12 kHz;

每一范围都是连续可变的。

滤波器阶数:5阶椭圆函数滤波器。

衰减带衰减:大于50 dB。

通带纹波:小于0.5 dB

最大输入电压:－5～＋5 V（适用TTL电平输入信号）。

时钟:CLK/100＝$f-3$ dB;NORMAL和WIDE。

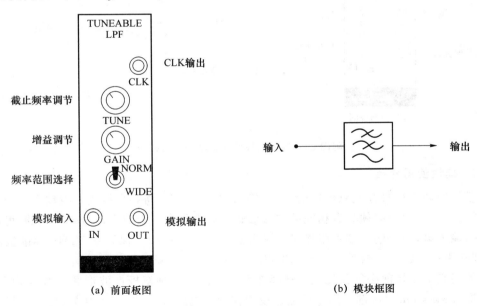

(a) 前面板图　　　　　　　　　　(b) 模块框图

附图22　可调低通滤波器前面板图和模块框图

4. 需注意的参数

拐点、相移、增益范围、通带纹波、带外衰减。

二十一、判决模块(DECISION MAKER)

1. 模块介绍

数字信号由于噪声和信道的干扰可能会变形,因此解码和接收滤波之后,需对变形的数字信号进行整形,使之成为干净的数字波形。其前面板图和模块框图如附图23所示。

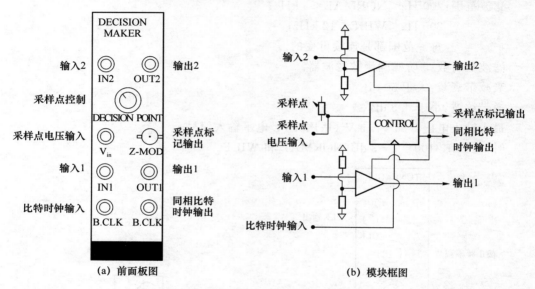

(a) 前面板图　　　　　　(b) 模块框图

附图23　判决模块前面板图和模块框图

2. 模块使用介绍

模块有两个单极性或双极性的 TTL 输入 IN1 和 IN2,将各自接收一组数字信号的输入,并且这两组信号必须具有相同的波形形式。如果仅有一组数字信号是可用的,可以使用任一输入端,另一输入端不用连接。输入数字信号的振幅要保证在 TIMS 标准极限之内,即双极性±2 V,单极性+2 V,0,TTL +5 V,0。

使用判决模块前必须预先正确选择波形形式。有 8 种双极性波形和一种 TTL 单极性波形(Line-Codes)可选。用户可通过设置在印刷电路板上的 SW1 开关,将波形形式调整到需要的位置。

输入信号在采样时刻被采样将采样值与判决门限相比较,从 OUT1 或 OUT2 输出判决结果。如果当前有两个输入信号,那么它们被同时采样并输出。采样点的调整可经由前面板的控制钮 DECISION POINT(INTernal 模式)或外加直流电压到输入端 Vin(EXTernal 模式),这两种模式可从印刷电路板上的拨动开关 SW2 选定。判决的门限电压由固定电阻决定,门限电压列于附表 9 中。

附表 9　不同波形的门限电压、输出电平和码元宽度

波形选择	门限电压	输出电平	码元宽度
NRZ-TTL	$V+$	$0,+5$ V	FULL
NRZ-L	V_0	± 2 V	FULL
NRZ-M	V_0	± 2 V	FULL
UNI-RZ	$V+$	$0,+2$ V	HALF
BIP-RZ	$V+,V-$	$0,\pm 2$ V	HALF
RZ-AMI	$V+,V-$	$0,\pm 2$ V	HALF
BiO-L	V_0	± 2 V	HALF
DICODE	$V+,V-$	$0,\pm 2$ V	FULL
DUOBINARY	$V+,V-$	$0,\pm 2$ V	FULL

注:默认门限电平:$V+\approx 1$ V;$V-\approx -1$ V;$V_0\approx 0$;

3. 主要技术规范

数字波形输入:IN1,IN2。

数字波形输出:OUT1,OUT2。

输入/输出电平依赖于波形模式选择:TTL $+5$ V,0;单极性$+2$ V,0;双极性± 2 V。

波形模式选择:10 位旋转开关 SW1。

波形模式格式:NRZ-TTL,NRZ-L,NRZ-M,UNI-RZ,BIPOLAR-RZ,RZ-AMI,BIPHASE-L,DICODE,DUOBINARY。

比特时钟输入:TTL 电平,标称值 2 kHz。

比特时钟输出:与输出波形同步,时钟下降沿产生新的输出比特。

判决点跨度:大于 90％ 2 kHz 比特时钟码元宽度。

判决点控制选择:INTernal 或 EXTernal,SW2 开关。

判决点连续可调:由前面板旋钮(INT)或 $0\sim 5$ V 直流外接输入信号(EXT)V_{in}。

Z-MODULATION 脉冲宽度 2 μs 典型值。

比特时钟:典型值为 2 kHz。可用 MASTER SIGNALS 模块中 2.083 kHz 正弦波发生器,经过 UTILITIES 模块的比较器将其转换为 TTL 信号;或者用 8.33 kHz 的 TTL 信号经线路码编码模块的 4 分频电路,将其转换为 2.083 kHz 的时钟信号。

二十二、基带信道滤波器(BASEBAND CHANNLE FLITTER)

1. 模块介绍

脉冲成型滤波器,有 4 个可供选择的基带信道开关,其中 3 个开关对应着 3 个不同的

滤波器,另一个是直接相连的。每个滤波器的截止频率大约为 4 kHz。其前面板图和模块框图如附图 24 所示。

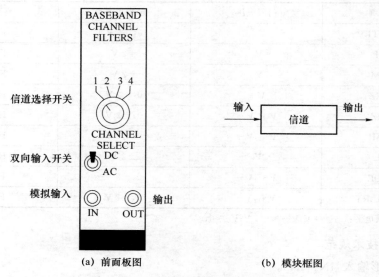

(a) 前面板图　　　　　　　　(b) 模块框图

附图 24　基带信道滤波器的前面板图和模块框图

2. 模块使用介绍

* 在同一时间只能选择使用一个信道。

注意:每个信道都可以通过前面板上的开关实现交流和直流的转换。

* 信道特性:实验时,首先,在用每个信道之前都要实际测一下它的幅度和相位响应,然后用音频振荡器和真均方根值表或一个示波器测量它的截止频率和阻带频率。

* 对比:幅度、相位与频率的比较。把每个信道的幅度响应和相位响应与 7 阶可调椭圆低通滤波器模块相比是非常有用的。通过调整可调低通滤波器的截止频率与每个信道的截止频率相匹配以防止所有信道的截止频率相同。

* 眼图:通过观察数字信号通过上面所选择的滤波器的眼图可以了解每个滤波器的特性。

3. 主要技术规范

交直流两用输入:信道 1～信道 4;

　　　　　　　信道 1:直通;

　　　　　　　信道 2:7 阶巴特沃兹函数;

　　　　　　　信道 3:7 阶贝塞尔函数;

　　　　　　　信道 4:7 阶 opfil 线性相位函数。

阻带衰减:近似为 40 dB,4 kHz。

通带波纹:0.5 dB。

注意：opfil 线性相位滤波器的线性相位响应在通带具有陡峭的滚降特性，它由优化滤波器有限公司设计，其设计权是私人拥有的。

二十三、误码计数（ERROR COUNTING UTILITIES）

1. 模块介绍

有两个独立功能块同 TIMS 其他模块相结合，用来测量误比特率。一个功能块是用来比较两组数字数据流的异或门，另一个是精确单稳电路用于开门计算脉冲数。其前面板图和模块框图如附图 25 所示。

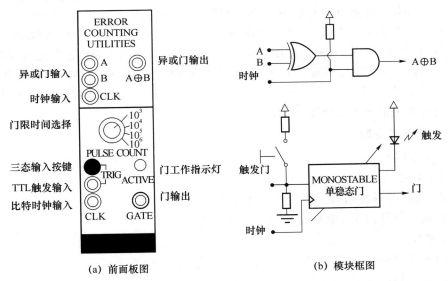

(a) 前面板图　　　　　　　(b) 模块框图

附图 25　误码计数模块前面板图和模块框图

2. 模块使用介绍

（1）异或逻辑门：异或逻辑门接受标准的 TTL 输入信号。具有两种工作模式：正常输出和脉冲输出。

① 正常输出：逻辑门的时钟输入不接任何时钟信号。输出就是异或门的连续输出。

② 脉冲输出：逻辑门的时钟输入接一个时钟信号。逻辑门的输出结果只有在时钟信号处于高电平（HI）时才能被输出。所以，如果逻辑门为高（逻辑 1）输出将是一个脉冲，如果高电平持续一个时钟周期以上，输出将是一序列脉冲。

特别强调的是时钟信号是与逻辑门正在比较的数据流同相（In-Phase）且同步的比特时钟。

（2）单稳态

① 时钟输入:时钟输入端必须接一个数字时钟信号。特别是这个时钟信号必须是与实验正在处理的数字数据有关的比特时钟。

触发输入:输出 GATE 信号必须被激活,或者是触发。可以通过按下前面板 TRIG 的触发按钮,也可以从 TRIG 输入端输入一个数字电平信号。标有 ACTIVE 的输出 LED 在 GATE 活动期间一直点亮,只有在一个 GATE 周期的最后 10％时间内才闪烁。当 ACTIVE 不活动时 LED 不会被点亮。

当输出 GATE 处于活动状态时,单稳有可能在任何时候被重新触发,或者是由于按下了 TRIG 按钮,或者是 TRIG 输入了触发信号。当重新触发发生时,GATE 输出立即清除(变为非活动状态),然后再一个新的单稳周期重新激活。

② 门限时间:GATE 输出信号时间是由提前选择的用于输入时钟脉冲计数的计数器决定的。时钟脉冲计数器的初始值是由前面板的可旋转开关 PULSE COUNT 设定的。在正常模式下有 4 个 GATE 数值可以被选择:10^3,10^4,10^5 和 10^6 个时钟脉冲。另外还可以扩展出 12 个,以及 16 种扩展计数模式。详细信息请参考本章后面的设置部分。

③ 特别提示:当单稳的输出 GATE 被连接到 TIMS PULSE COUNTER,单稳一旦被触发并激活时,就会启用这个计数器,这是系统活动时提供的。所以必须始终用最后一个计数值演算出第一个计数器的计数值。

3. 主要技术范围

（1）异或门

输入:A、B 为 TTL 电平。

输出:连续的异或结果或者是输入时钟高电平时的选通信号。

时钟输入信号:TTL 电平输入,$f_{max} > 40\ kHz$。

（2）单稳

GATE 激活电平:DIP 开关选择,高电平激活或者低电平激活。

GATE 门限时间:

　　　正常模式:10^3,10^4,10^5,10^6;

　　　扩展模式:正常模式 $\times 2$,$\times 4$ 或者 $\times 8$;

　　　扩大模式:同正常模式或者是扩展模式,但是要将选择的脉冲计数器除以 12。

GATE 输出:LED 在 GATE 活动时总是点亮,只在最后 10％的时间内闪烁。

CLOCK 输入:TTL 电平,$f_{max} > 20\ kHz$。

TRIG 输入:按下按钮,或者输入信号。

TRIG 信号电平:TTL 电平,DIP 开关选择活动电平,高电平或者低电平活动。

TRIG 信号最小带宽:大于 $0.2\ \mu s$。

（3）设置单稳

触发输入电平:TRIG 输入电平可以通过开关 SW1 来选择。当用前面板的按钮开关触发单稳时默认是高电平有效。

可以注意到 TRIG 输入端实际上通过一个下拉电阻接地。

门输入电平：GATE 输入电平可以通过 SW1 来选择，当用 TIMS PULSE COUNTER模块时默认是低电平有效。

门计时：输出 GATE 计时是由一个提前预置的时钟脉冲计数器决定的。计数器的初始计数值可以通过前面板的 PULSE COUNT 旋转开关来设定。单稳工作在 3 种模式下，具体由 DIP 开关 SW2 和短路片 J1 决定。

正常模式：在正常模式下 4 种门计时可被选择：10^3，10^4，10^5 和 10^6 个时钟脉冲。

选择正常模式 SW2 的两个开关都是 ON 并且短路片 J1 应该在 NORM 位置上。

扩展模式：在扩展模式下，通过前面板的 PULSE COUNT 旋转开关选择的脉冲计数值可以被扩大 2，4 或 8 倍。这样就多出 12 种可选择的 GATE 计时器。

- 2×10^3，4×10^3，8×10^3 个时钟脉冲
- 2×10^4，4×10^4，8×10^4 个时钟脉冲
- 2×10^5，4×10^5，8×10^5 个时钟脉冲
- 2×10^6，4×10^6，8×10^6 个时钟脉冲

短路片 J1 应该在 NORM 位置。

扩大模式：扩大模式是专门提供的允许单稳可以在 100 kHz 时钟信号下应用，用一个 8.333 kHz 时钟信号代替 100 kHz 的时钟信号。

从 MASTER SIGNALS 模块输出的 8.333 kHz TTL 信号连接到时钟输入（而不是 100 kHz 的 TTL 信号）。将短路片 J1 插到－12 处。单稳的时钟为前面板旋转开关 PULSE COUNT 设置的计数值从内部除以 12 所得。以这种方式输入时钟信号和计数值实际上被除以 12，产生正确的 GATE 计时。

前面板旋转按钮，PULSE COUNT，DIP 开关 SW2，就像前面一样是用来直接改变 GATE 时间的，但是基于 100 kHz 的时钟。额外的计算或者除法都是没有必要的。

例如，一个设备需要 100 kHz 的比特时钟和 10 ms 的门时隙。用 8.333 kHz TTL 信号作为输入时钟信号。短路片 J1 在－12 处。将前面板 PULSE COUNT 旋转开关置到 10^3 位置，将 COUNT MUTL 开关 SW2 选择×1 挡。这样的设置后，得到所需的100 kHz 的时钟信号，再通过 1 000 分频，得到 10 ms 的门时隙。

二十四、线路码与部分响应编码器
(LINE CODE & PARTIAL RESPONSE ENCODE)

1. 模块介绍

一个 TTL 电平的数据流同时被编成 7 种线路码、一种加预编码的双二进码。输入的

数据流必须与编码器输出的比特时钟匹配。其前面板图和模块框图如附图 26 所示。

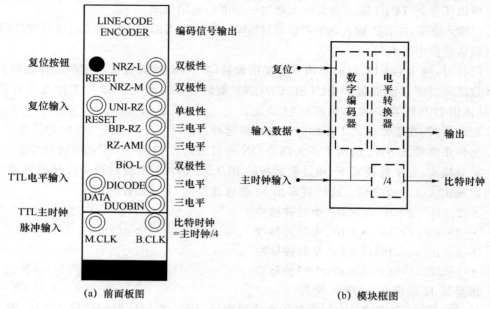

(a) 前面板图   (b) 模块框图

附图 26 线路码与部分响应编码器前面板图和模块框图

2. 模块使用介绍

（1）使用伪随机序列发生器作为编码器的输入信号

1）连接一个 TTL 时钟到主时钟（M.CLK）端口。如连接 MASTER SIGNALS 产生的 8.3 kHz 时钟脉冲。

2）连接比特时钟（B.CLK）输出端到序列发生器模块的时钟输入端。

3）连接序列发生模块的数据输出端到编码器的数据输入端。

4）按一下编码器模块上的复位按钮（在主时钟重新连接或是异常的情况下都要使用复位按钮复位一次）。

5）复位后线路编码已经开始输出。

（2）同时使用序列发生器和解码器

1）连接一个 TTL 时钟到主时钟端。如：连接 MASTER SIGNALS 产生的 8.3 kHz 时钟脉冲。

2）连接比特时钟输出端到序列发生器模块的时钟输入端。

3）连接序列发生模块的数据输出端到编码器的数据输入端。

4）连接一个比特时钟到解码器的输入端（一个简单测试系统就是把编码器的比特时钟输出端接到解码器的比特时钟输入端）。

5）选择一个编码器的输出信号，连接到解码器的输入信号口。

6）同时复位编码器和解码器有两种等效的方法：

① 能自动复位:这里把编解码器的 RESET 端口连接在一起,这样不管按下哪个模块的复位键都会导致两者一起复位。

② 手动复位:先把编码器的复位键按下,不要松开,然后按下解码器的复位按钮,之后一起松开。

每次编码器或是解码器出现断开或异常都要重新同时复位一下。

7)复位之后,编码器马上会输出线路编码结果。连接任意一根编码器的输出线到解码器的输入端。注意有些线路编、解码器要求在操作之前进行复位。

3. 主要技术规范

(1)面板各端口使用注意事项

① 主时钟和比特时钟

主时钟端口必须始终接一个 TTL 电平的时钟。

注意:比特时钟输出的时钟信号是对主时钟输入时钟的 4 分频。一个容易的做法是把 MASTER SIGNALS 模块出来的 8.3 kHz 时钟信号加到主时钟输入端。输入的数据信号必须由此模块上的比特时钟信号产生。为了确保输入数据与比特时钟的匹配,每一比特位必须在比特时钟的上升沿进行传送。编码器编码后的输出比特出现在比特时钟的下降沿。如果伪随机序列发生器模块的输出连接到该模块的数据信号输入端,则比特时钟的输出可以直接用作序列发生器的时钟。

② 复位

在连接好主时钟以后,就按下复位键,系统复位。如果在实验中主时钟信号出现异常,可以按下复位键来使系统重新复位。因为一些线路编码必须从一个确定的初始状态开始运行,为了使连续的输出信号被正确的编码和解码,重新使线路编码器复位是必需的。

注意:千万不要把序列产生器的 RESET 端口与编码器的 RESET 端口相连,这样会导致复位键失去作用。

③ 信号电平

线路编码波形幅度是标准的 TIMS 电平。以下是所使用的电压。

单极型:0,+2 V。

双极型:−2 V,+2 V。

三电平型:−2 V,0,+2 V。

(2)基本规范

① 输入端

数据信号:TTL 电平　数字信号。

主时钟:TTL 电平　数字信号最大频率 $f_{max} > 400$ kHz。

② 输出端

比特时钟:TTL 电平,数字信号。

线路编码输出:$\pm 2 V_{pp}$,$\pm 10\%$。

③ 编码波形的定义

- NRZ-L 非归零　双极性码

  1：+1 电平。

  0：−1 电平。

- NRZ-M 不归零　双极性相对码

  1：相邻码元的信号波形变化。

  0：相邻码元信号波形不变。

- UNI-RZ 单极性归零码　单极性

  1：在第一个半比特宽度为正脉冲。

  0：无脉冲。

- BIP-RZ 双极性归零　三电平

  1：在第一个半比特宽度为正脉冲。

  0：在第一个半比特宽度为负脉冲。

- RZ-AMI　归零码　三电平

  1：在第一个半比特宽度处出现脉冲且其传号交替、反转脉冲极性。

  0：没有脉冲。

- BiO-L Manchester 码　双极性

  1：在比特间隔由高电平变为低电平。

  0：在比特间隔由低电平变为高电平。

- DICODE-NRZ　Dicode 不归零码　三电平

  1 到 0，0 到 1 转移时：改变脉冲的极性。

  1 到 1，0 到 0 转移时：没有脉冲。

- PRECODED DUOBINARY（加预编码的部分响应信号）三电平

双二进编码为非线性编码，不能用上面的线性编码规则描述。附图 27 给出了加预编码的双二进制码的编码过程。

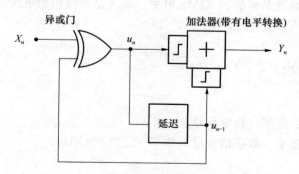

附图 27　加预编码的双二进编码模型

输入数据序列（单极性）：x_n。

预编码：$u_n = x_n + u_{n-1}$。

电平转换：由单极性 u_n 转换为双极性 U_n

双二进编码规则：$Y_n = U_n + U_{n-1}$。（初始的条件为 $u_0 = 1$）

各种编码方式的编码波形如附图 28 所示。

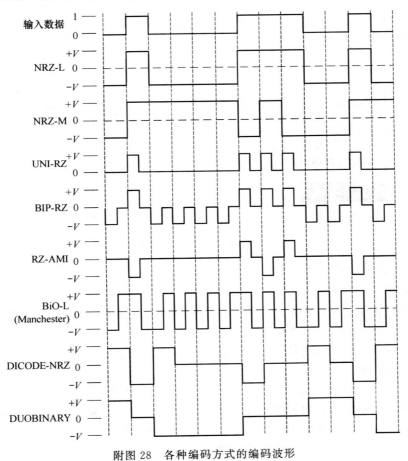

附图 28　各种编码方式的编码波形

二十五、线路码与部分响应解码器
(LINE CODE & PARTIAL RESPONSE DECODE)

1. 模块介绍

每一个由线路码编码器模块产生的编码信号都可以被解码，产生一个 TTL 电平的数据流。一个准确校正的同步比特时钟提供给解码器。其前面板图和模块框图如附图 29 所示。

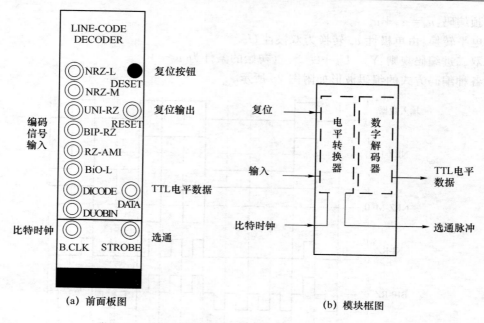

(a) 前面板图 (b) 模块框图

附图 29　线路码和部分响应解码器前面板图和模块框图

2. 模块使用介绍

（1）用途

输入的已调制信号应该干净没有失真。滤波并调整已恢复的信号的工作应该通过其他的模块像 TIMS DECISION MAKER 提前完成。

任何时候仅一个已编码信号可用于任一个解码器的输入。

（2）比特时钟

一个 TTL 电平的时钟必须总是被连接到比特时钟的输入。

比特时钟信号必须是同步的并且用以下方式与输入的已编码比特流对齐：每一个输入的已编码数据流的新比特的传输都发生在比特时钟的下降沿。

输出的选通信号是由输入的比特时钟产生的。选通信号上升沿时间正好是解码器对输入信号进行采样的时刻。解码器输出的 TTL 数据由 DATA 端口输出。

（3）复位

解码模块要求在 B.CLK 或者输入波形已被应用或者中断后进行复位。线路编码解码模块的复位是必需的，因为有些线路码必须从一个已知的初始状态解码，才能保证随后输出数据的"正确性"。

有两种等价的方法来对编码/解码器复位，方法①要求在编码器之间插入一个额外的头信息。方法②要求每一个模块被独立复位，无须相互连接的头信息。

① 两模块的自动复位

• 将解码器的 RESET 输出连至编码器的 RESET 输入；

- 随时按下编码器或者解码器的复位按钮。

② 各模块人工复位

- 按下编码器复位按钮,随时按下解码器复位按钮;

- 松开编码器复位开关。

3. 主要技术规范

① 输入

比特时钟:TTL 电平比特时钟。

与输入数据同步的最大时钟频率:$f_{max} > 100\,\mathrm{kHz}$。

解码信号输入:详细信息请看本书编码模块部分。

② 输出

数据信号:解码的 TTL 电平数据。

选通信号:TTL 电平信号。

二十六、噪声发生器(NOISE GENERATOR)

1. 模块介绍

带有 12 级振幅输出衰减器的宽带噪声源。其前面板图和模块框图如附图 30 所示。

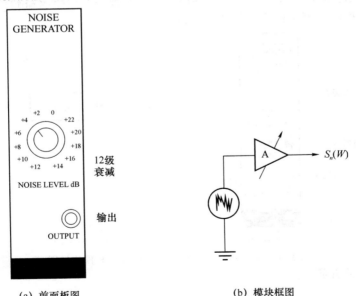

(a) 前面板图　　　　　　　　(b) 模块框图

附图 30　噪声发生器前面板图和模块框图

2. 模块使用介绍

- 这个模块不要求输入信号或控制信号；
- 输出噪声电平的级差是 2 dB；
- 最小噪声电平是 0，最大是 22dB；
- 有要求的话，输出噪声的特性可以改变：使用 TIMS 的任何滤波模块；使用 TIMS 缓冲放大器或加法器模块实现衰减或放大。

3. 主要技术规范

带宽：1 Hz～500 kHz。

最大等级：在＋22dB 处大约 1 V（均方根）。

衰减器等级：12 个等级，0～22 dB（每等级 2 dB）。

衰减器精度：相邻等级为±0.25 dB，任意两等级为 0.35 dB。

二十七、100 kHz 带通信道滤波器
(100 kHz PASSBAND CHANNEL FILTER)

1. 模块介绍

有 3 种可选择，100 kHz 带通信道滤波器，包括两种不同的滤波器和一个全通滤波器连接。其前面板图和模块框图如附图 31 所示。

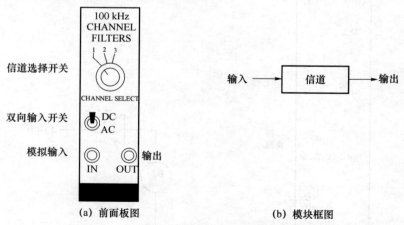

(a) 前面板图　　　　　　　　　　　(b) 模块框图

附图 31　100 kHz 信道滤波器前面板图和模块框图

2. 模块使用介绍

- 使用说明

每次只能使用一个信道。

3 个信道中的每一个都可以通过前面板上的开关进行直流与交流的转换。

• 信道特性

在使用信道做实验之前,应该测试每个信道的幅度和相位响应特性。至少应该在临界点和衰减带这一部分,使用压控振荡器和 TRUE RMS METER 模块或示波器来测量。

3. 主要技术规范

交直流两用输入:信道 1～3。

信道响应:

        信道 1:全通滤波器;

        信道 2:带通滤波器;

        信道 3:低通滤波器。

阻带衰减:大约是 40 dB。

二十八、频谱分析器(SPECTRUM ANALYSER UTILITIES)

1. 模块介绍

一个通常显示正、负电压的模拟显示器,其频率范围是从直流到 10 Hz。在学习信号滤波、混频、传统的频谱分析概念时,这些特性使该模块成为理想的显示设备。其前面板图和模块框图如附图 32 所示。

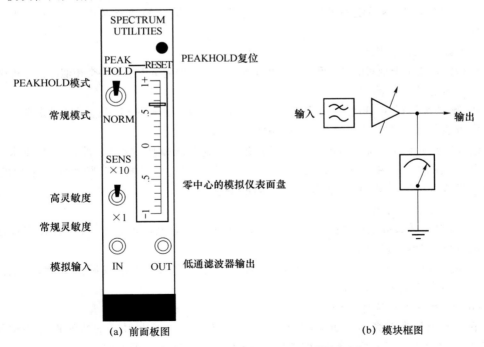

(a) 前面板图   (b) 模块框图

附图 32 频谱分析模块前面板图和模块框图

2. 模块使用介绍

（1）使用说明

模拟的零点中心仪表显示 IN 端的电压极性和大小。在被测量和应用到仪表之前，IN 端的电压先经过 30 Hz 的低通滤波器进行滤波。

测量仪器允许用户在很大的输入电压范围内调整测量偏差。

印刷电路上的电位器，RV1 是用来改变刻度比例。

当印刷电路上的电位器，RV1 设置为 FULLY CLOCK WISE 时，仪表将显示满刻度偏度（FULL SCALE DEFLECTION）为 +2 V 或 −2 V 直流电压。旋转 RV1 ANTI-CLOCK WISE 将增加仪表的灵敏度，也就是说，满刻度会小于 2 V。前面的 ×1/×10 仪表灵敏开关提供了一个简单而快捷的增加灵敏度的方法，可以提高 10 倍约20 dB的灵敏度。

一个带有复位按钮的 PEAKHOLD 可以帮助决定波动阅读的峰值。PEAKHOLD 功能只识别负极性峰值电压。

输出端的信号与仪表的信号，幅度相等而极性相反。

（2）背景

仪表是单极直流电压仪表。如果交流电压被应用于仪表，如频谱分析应用中所介绍，仪表指针将会尝试如实追踪电压的摇摆。仪表的指针将只会响应直流和频率非常低的信号。由于机械运动的惯性将会产生低通滤波效应。

使用频谱分析应用中的模块时，在尝试决定绝对电压值之前，考虑转变灵敏度是很重要的。在 TIMS 通信系统模型学生课本中关于转变灵敏度的细节讨论中，提及了频谱分析器实验。

（3）设定频谱实用模块

模拟仪表能用于绝对的电压和相对幅度的测量。两者的测量方法有一个相似的设定程序。

（4）绝对的电压测量

① 频谱实效设定：顺时针方向旋转 PCB mounted trimmer，RV1，而且设定前面的仪表灵敏度选择器为"×1"。完全的刻度偏度是 +2 V。

② 设定另外的直流参考电压：使用可变的直流电压模块，按照示波器上的要求设置和测量最大的电压。举例来说，0.25 V 直流。下面应用这参考电压到频谱实用模块的 IN 端中。调整电位器 RV1 使仪表盘显示满刻度偏度。

（5）相对幅度测量

① 频谱实效设定：顺时针方向旋转印刷电路板上的电位器，RV1，而且设定前面的仪表灵敏度选择器为"×1"。

② 使用：应用一个参考信号而且调整 RV1，使其显示一半的或满的刻度，可以测出其他信号与参考信号的比值。

（6）频谱分析器快速操作指导

下列各项只为在频谱分析器应用中尽快学会使用这一个模块。细节的理论的和使用者信息，请参考"TIMS 通信系统模型"学生课本中的频谱分析器实验。

（7）设定-提高频谱分析器

① 顺时针方向旋转印刷电路板上的，RV1，而且设定前面板灵敏度选择器为"×1"。依照上述的程序设定相对电压的测量。如果需要绝对电压的测量，在频谱分析之后一定要补上转变敏感度的计算。

② 4 个其他的基本模块即乘法器、压控振荡器、可变直流电压和频率计数器，组成一个频谱分析器。在处理之前，请参考 TIMS-301 使用手册的"压控振荡器"章节，关于"精准频率控制"中使用可变的直流电压模块的压控振荡器的信息。

③ 在压控振荡器已经被设定为"精准频率控制"之后，在频率计数器和乘法器的一个输出端补上压控振荡器的模拟输出。

④ 把乘法器的输出信号输入到频谱实用模块的输入端上。

现在，频谱分析器已经完成连接，可以把要分析的信号接到乘法器的其他输入端。

（8）频谱分析器操作

① 调整压控振荡器模块的频率控制 f_0 到中心频率附近。再微调 f_0，直到注意到仪表的指针开始振荡。

② 通过改变直流电压大小来慢慢地调整压控振荡器的输出频率，直到模拟仪表指针非常缓慢地振动，记录仪表的峰值和频率计数器的显示。

③ 如果可变的直流电压不能调整压控振荡器到中心频率或者需要确定其他的频谱成分，请重复上述的两个步骤①和②。当搜索低频频谱成分的时候，精确的×1/×10 敏感开关将会有帮助。

3. 主要技术规范

输入电压范围：±10 mV～±2 V，连续变量。

敏感度开关：×1 ，×10。

输入频率范围：DC 至小于 30 Hz。

指示器：中心对准零位模拟仪表，线性标量。

输出：经过滤波，标量化而且经缓冲了的仪表运动信号。

操作模式：常态。

峰值保持带有复位按钮。

二十九、积分和清零（INTEGRATE & DUMP）

1. 模块介绍

提供两种独立的功能块。第一个功能块为 TTL 电平时钟信号提供了可变的数字延迟，也可用于将时钟的相位校正到与数据流的相位一致。第二个功能块包括双信道采样、积分、清零以及保持功能，能产生 3 种组合和脉冲宽度调制：

- 采样和保持；
- 积分和清零；
- 积分和保持。

脉冲宽度调制：它只能在信道 1 中实现。脉冲宽度调制（PWM）与其他 TIMS 模块一起应用于 PPM。其前面板图和功能块框图如附图 33 所示。

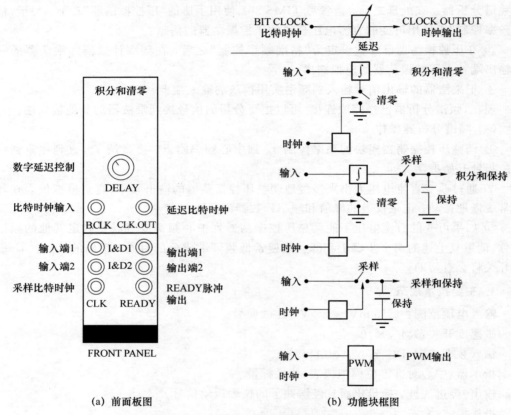

(a) 前面板图　　　　(b) 功能块框图

附图 33　积分和清零模块前面板图和功能块框图

2. 模块使用介绍

（1）数字延迟

各种数字延迟能接收 B. CLK 比特时钟输入端的标准 TTL 电平信号，并在 CLK. OUT 时钟输出端输出标准的 TTL 电平信号。

调节 DELAY 控制旋钮，通过变化在 B. CLK 比特时钟的上升沿与 CLK. OUT 时钟的上升沿之间的时间，可以产生一个数字相位延迟的功能。值得注意的是，在数字延迟功能期间不能对输入信号进行运算。CLK. OUT 时钟输出端的信号是 $10\,\mu s$ 宽度的固定脉冲。

DELAY 控制旋钮在大约 $10\,\mu s$ 至 $1.5\,ms$ 之间变化数字延迟时间。调整延迟范围可通过对印刷电路板上的开关 SW3 进行选择。附表 10 为开关设置表。

附表 10 开关设置表

SW3-2(A)	SW3-1(B)	延迟范围
关	关	10~100 μs
关	开	60~500 μs
开	关	100 μs~1 ms
开	开	150 μs~1.5 ms

附图 34 中的时序图表示输入信号 B.CLK 比特时钟与输出信号 CLK.OUT 时钟之间的关系。

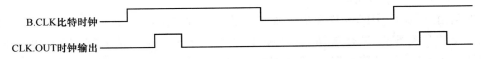

附图 34 有效延迟控制调节范围

注意：一定要确保 CLK.OUT 时钟输出脉冲处于 B.CLK 比特时钟周期中,否则将产生无效操作。

（2）采样和积分功能

采样和积分块提供了两个相同的信道,由同一个采样时钟同时操作。I&D1 和 I&D2 中的任一信道输入一个标准 TIMS 模拟信号,输出信号也是模拟的。

这两个信道需要输入 CLK 时钟用于操作。

READY 输出脉冲仅用于采样和保持或积分和保持功能。READY 脉冲的上升沿在 I&D1 或 I&D2 信道输出信号被更新或保持住后立即出现。

① 模式选择

采样和积分器的每个信道包括 3 个电路功能:采样、积分和保持电路。用户可通过两个印刷电路板上的开关:I&D1 的 SW1 和 I&D2 的 SW2,选择配置。其相应的配置及功能描述在附表 11 中给出。

附表 11 不同配置的功能描述

分类	功能	描述
S&H1 S&H2	采样和保持	对输入信号采样、保持,在时钟 CLK 信号的上升沿时输出
I&H1 I&H2	积分和保持	在时钟（CLK）周期内对输入信号积分。在时钟（CLK）上升沿时,积分值转移到保持电路,更新输出值。然后,积分器清零,一个新的积分周期开始
I&D1 I&D2	积分和清零	在时钟（CLK）周期内输入信号积分,在每个 READY 脉冲出现时,积分器清零,开始新的积分周期。积分器的输出可在前面板的输出端得到

② 积分器时间常数

在附表 12 中,概述了各个信道与积分器时间常数相关的部件和取值。

附表 12　各信道与积分器时间常数的部件参数

信道	积分器的电阻	积分器的电容	注释
I&D1	330 kΩ—R7	470 pF—C4	固定的电阻和电容
I&D2	330 kΩ—R26	470 pF—C34 470 pF—C44	J1 打开:当 C34 被选中时, J1 在 C44-C34 时是短路的

（3）脉冲宽度调节功能

在信道 1(I&D1)中,采样和积分器还提供脉冲宽度调制功能。PWM 模式可通过印刷电路上的开关 SW1 进行选择。将模拟信号输入于 I&D1 的输入端,TTL 电平 PWM 时钟输入于 CLK 时钟输入端,可在 I&D1 的输出端获得 TTL 电平 PWM 信号。

PWM 输出信号的下降沿相对于输入的 PWM CLK 时钟信号是固定的:PWM 信号的上升沿随脉冲宽度发生改变。

应注意的是,PWM 功能的执行直接受到模拟信号的振幅、PWM 时钟的频率的影响。因此,当设置 PWM 系统时,应该观测这两个参数。

① 设置 PWM

为了使 PWM 信号达到脉冲宽度范围 10%～90%。预设的振幅和 PWM 时钟频率的参数范围在附表 13 中给出。

附表 13　预设的振幅和 PWM 时钟频率的参数范围

PWM 在时钟输入端的时钟频率	I&D1 输入端信号的振幅	注释
1 kHz	−2～+2 V	默认参数可达到 10%～90%PWM
500 Hz<CLK<10 kHz	±0.5～±5 V	最大和最小的参数设置

当需要应用预设范围之外的值时,建议用 BUFFRS 模块增大 PWM 操作所需要信号振幅。

② 脉冲位置调制功能

积分和清零与双脉冲发生器模块可用于提供脉冲位置调制功能。为了建立 PPM,首先,用积分和清零模块建立正确的 PWM 操作。其次,用 PWM 输出信号作为双脉冲发生器模块的输入时钟,双脉冲的发生器模块的印刷电路板的滑动开关选择 SINGLE 模式。双脉冲发生器的两个输出端会各输出一个脉冲位置调制信号。应注意的是,双脉冲发生器的脉冲宽度应比 PWM 脉冲的重复时间短。

（4）积分和清零功能块的波形。

附图 35 中波形用来说明采样和积分功能块的作用和时序关系。

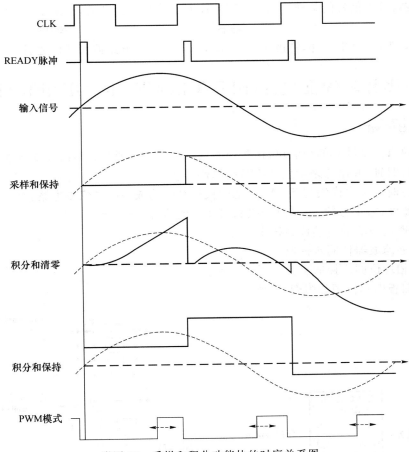

附图 35　采样和积分功能块的时序关系图

3. 主要技术规范

（1）数字延迟

输入和输出：TTL 电平数字信号。

输入时钟：小于 15 kHz

延迟的变化范围：10 μs～1.5 ms 内 4 种可选范围。

（2）积分和清零

功能块：采样和保持、积分和清零、积分和保持、PWM。

信道：二个信道用一公共的比特时钟同时操作，PWM 模式（只在信道 1 可实现）除外。

模拟输入端和输出端：标准 TIMS 电平。

时钟输入：大于 500 Hz，小于 15 kHz，标准 TTL 电平信号。

积分器：开始于 READY 信号的下降沿。在保持模式下，在 CLOCK 时钟信号的上升沿对积分器输出进行采样，于 READY 脉冲的上升沿开始清零，积分器的输出会转为 0。

采样器：输入信号的采样开始于 CLOCK 时钟信号的上升沿，结束于 READY 脉冲的上升沿。

Ready：TTL 电平脉冲，宽度小于 $10\,\mu s$，出现在保持电路被保持住之后。

三十、比特时钟重建器（BIT CLOCK REGENERATION）

1. 模块介绍

该模块有 4 个独立的功能块，这些功能块可以独立地或与其他的 TIMS 模块结合，用以恢复比特时钟，并用它来产生 TIMS 线路码。

将比特时钟再生模块与 TIMS 其他的模块结合构成的时钟恢复方案：

利用滤波器/平方律，电平跳变检测器和其他的时钟再生结构，

- 带通滤波器的抖动抑制技术；
- 带通滤波器位同步提取；
- 锁相环位同步提取。

其前面板图和框图如附图 36 所示。

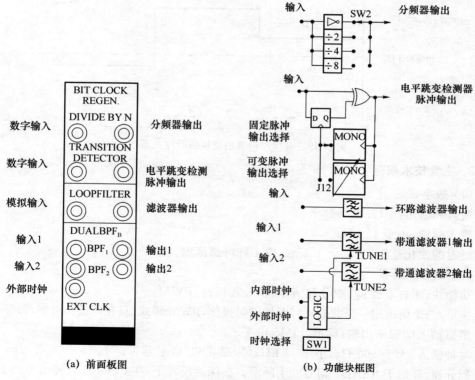

(a) 前面板图   (b) 功能块框图

附图 36　比特时钟再生模块前面板图和功能块框图

2. 模块使用介绍

（1）N 分频

数字分频器的基本功能就是 N 分频。它的输入和输出都是标准的 TTL 电平信号。可以利用 SW2（印刷电路板上的双列直插式开关）选择分频的系数，如附表 14 所示。

附表 14　开关选择

SW2-1(A)	SW2-2(B)	分频模式
关	关	8 分频
关	开	4 分频
开	关	2 分频
开	开	反相

N 分频的典型应用是作为锁相环的一部分。

（2）TD（Transition Detector，电平跳变检测器）

输入数字序列的逻辑电平每发生一次变化，TD 就会输出一个 TTL 电平脉冲，其中输入序列必须是 TTL 电平。

TD 的作用是利用一个时钟倒置器将输入序列进行延迟，然后用异或电路执行乘法器的功能。输出脉冲的宽度取决于单稳态脉冲的宽度。

用户可以通过 J12（印刷电路板上的短路片）选择一个固定脉冲宽度（FIX）或一个可以人工调节的脉冲宽度（VAR）。固定脉冲宽度单稳态电路通过使用线路码编码模块的标准的 2.083 kHz 比特时钟对 TD 进行优化。

可调脉冲宽度单稳态电路在用户使用不同的脉冲宽度时对 TD 的影响：VARY PULSE WIDTH 即用印刷电路板上封装的微调电容器改变脉冲宽度。调整微调电容器可以使输出脉冲宽度在 $10\sim100\ \mu s$ 之间变化。

在位同步系统中，TD 的输出需要接一个带通滤波器或锁相环。

（3）环路滤波器（Loop Filter）

环路滤波器应用于锁相环中，例如演示锁相环的位同步提取。附图 37 所示是一个典型的第一类二阶无源环路滤波器结构。附表 15 还给出了工厂选定的元件值。

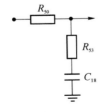

附表 15　工厂选定的元件值

标号	值
R_{50}	9.1 kΩ
R_{53}	1.9 kΩ
C_{18}	100 nF

注：① 环路滤波器的输入/输出端都有包含运算放大器的有源放大器，这在图中没有给出。
② PLL 是根据环路传递函数的极点数来分类的。环路的阶数是特征方程 $1+G(s)H(s)$ 多项式的最高次数。（参考《光纤和卫星数字通信》）

附图 37　二阶环路滤波器

（4）双带通滤波器（Dual BPF）

提供了两个独立可调的高 Q 值的带通滤波器，用来演示带通滤波器的抖动抑制和带通滤波器的位同步提取。

每个滤波器的输入和输出均为标准的 TIMS 电平信号。两个滤波器的固定 Q 值都是 22。每个滤波器的中心频率都由一个数字时钟信号来控制。该数字时钟信号的频率是带通滤波器中心频率的 50 倍。数字时钟信号是由片内的晶振或外部的振荡器产生的。用 SW1 来选择每个滤波器的时钟源。利用线路码编码模块的标准 2.083 kHz 的比特时钟来优化片内晶振产生的时钟。

外部时钟可以将任一个或两个滤波器的中心频率调整到 $1\sim5$ kHz。外部 TTL 电平时钟源通过正面板的 EXT CLK 端接入。

附表 16 列出了两个滤波器时钟源的所有可能的组合。

附表 16 时钟源所有可能组合

SW1-1	SW1-2	BPF1 时钟源	BPF2 时钟源
关	关	外部时钟源	外部时钟源
关	开	外部时钟源	内部时钟源
开	关	内部时钟源	外部时钟源
开	开	内部时钟源	内部时钟源

注：当 BPF1、BPF2 都选择外部时钟源时，两个滤波器接收的都是来自于 EXT CLK 输入端输入的相同的时钟信号。

3. 主要技术规范

（1）N 分频

输入/输出：TTL 电平，数字信号。

时钟输入：小于 1 MHz。

除数：-1,2,4,8,开关选择。

（2）电平跳变检测器

① 输入/输出

TTL 电平，数字信号。

② 输出脉冲宽度

固定脉冲宽度：大约 250 μs。

可调脉冲宽度：可调范围大约是 $10\sim500$ μs。

（3）环路滤波器

输入/输出：标准 TIMS 电平的模拟信号。

类型：典型的无源的第一类二阶环路滤波器结构。

特性：要求实验者来确定。

缓冲器：有源的。

（4）双带通滤波器

输入/输出：标准 TIMS 电平的模拟信号。

数量：2 个。

类型：3 dB 通带波纹的四阶契比雪夫滤波器。

Q 值：大约为 22，固定。

调谐时钟与滤波器中心频率的比率：50。

内部时钟频率：104 kHz，晶振，给定的 2.083 kHz 的滤波器的中心频率。

外部时钟频率范围：50～250 kHz，TTL 电平。

三十一、正交功能模块（QUADRATURE UTILITIES）

1. 模块介绍

供 3 个独立的功能：两个独立的乘法器，一个独立的加法器。

每个乘法器可以允许两个模拟信号 $X(t)$ 和 $Y(t)$ 相乘，最终结果要乘以一个因子（大约为 1/2）。

加法器可以把两个输入信号 $A(t)$ 和 $B(t)$ 相加，可调节比例 G 和 g。其前面板图和模块框图如附图 38 所示。

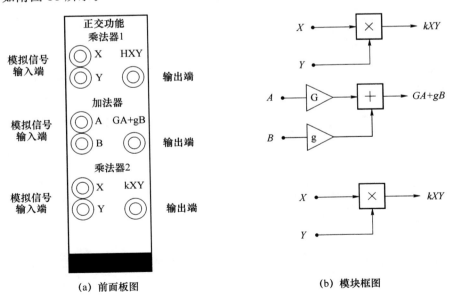

(a) 前面板图　　　　　　　　　(b) 模块框图

附图 38　正交功能模块前面板图和模块框图

2. 模块使用介绍

(1) 乘法器 1 和乘法器 2

每个乘法器有两个输入端,输入端与输出端一一对应。k 因子(一个与象限相关的刻度参数)约为 1/2。它与乘法器的输出端相关,可以通过实验测量。

(2) 加法器

加法器输入端的增益 G 和 g 可通过 PCB 设置的 RV1、RV3 进行调节。应注意的是这两个因子可以手动调节,RV1 可调节 G,RV3 可调节 g。

3. 主要技术规范

(1) 乘法器 1 和乘法器 2

输入端与输出端:DC 对。

带宽:约为 1 MHz。

特征:$kX(t)Y(t)$,k 约为 1/2。

(2) 加法器

调节范围:$0 < G < 1.5$,$0 < g < 1.5$。

带宽:约为 500 kHz。

如欲了解更详细的模块技术资料,请参考 TIMS 设备的英文技术说明。

参 考 文 献

［1］ 郭文彬,桑林. 通信原理——基于 Matlab 的计算机仿真. 北京:北京邮电大学出版社,2006.

［2］ Duane Hanselman,Bruce Littlefield. 精通 MATLAB 综合辅导与指南. 李人厚,张平安,等,译校,西安:西安交通大学出版社,1998.

［3］ 周炯槃,庞沁华,续大我,吴伟陵,杨鸿文. 通信原理. 3 版. 北京:北京邮电大学出版社,2009.

［4］ 罗伟雄,等. 通信原理与电路. 北京:北京理工大学出版社,1999.

［5］ 潘长勇,王劲涛,杨知行. 现代通信原理实验. 北京:清华大学出版社,2005.

［6］ John G. Proakis,Masoud Salehi,Gerhard Bauch. 现代通信系统(Matlab 版) 2 版. 刘树棠,译. 北京:电子工业出版社,2005.